“十四五”职业教育国家规划教材配套教学用书

电工电子技术与技能学习辅导与练习

（第3版）

主编 文春帆

中国教育出版传媒集团
高等教育出版社·北京

内容提要

本书是“十四五”职业教育国家规划教材《电工电子技术与技能(第3版)》(文春帆主编)的配套教学用书，依据相关教学标准，结合近几年职业教育教学改革的实际情况修订而成，配合主教材使用。

本书按主教材的对应章节顺序编写，每章题型分为填空题、选择题、判断题、分析计算题等。题目设计由浅入深，形式多样，便于配合教师教学或学生练习。

本书配套习题答案等辅教辅学资源，请登录高等教育出版社 Abook 新形态教材网(http://abook.hep.com.cn)获取相关资源。详细使用方法见本书最后一页“郑重声明”下方的“学习卡账号使用说明”。

本书可作为中等职业学校非电类专业学生的学习辅导书，也可作为参加对口升学考试的学生参考用书或相关岗位培训辅导用书。

图书在版编目(CIP)数据

电工电子技术与技能学习辅导与练习 / 文春帆主编. --3版. --北京:高等教育出版社,2023.10(2024.12重印)
ISBN 978-7-04-060962-2

Ⅰ.①电… Ⅱ.①文… Ⅲ.①电工技术-中等专业学校-教学参考资料②电子技术-中等专业学校-教学参考资料 Ⅳ.①TM②TN

中国国家版本馆 CIP 数据核字(2023)第141871号

DIANGONG DIANZI JISHU YU JINENG XUEXI FUDAO YU LIANXI

策划编辑 唐笑慧　　责任编辑 唐笑慧　　封面设计 张 志　　版式设计 童 丹
责任绘图 李沛蓉　　责任校对 胡美萍　　责任印制 耿 轩

出版发行	高等教育出版社	网　址	http://www.hep.edu.cn
社　址	北京市西城区德外大街4号		http://www.hep.com.cn
邮政编码	100120	网上订购	http://www.hepmall.com.cn
印　刷	山东临沂新华印刷物流集团有限责任公司		http://www.hepmall.com
开　本	889mm×1194mm 1/16		http://www.hepmall.cn
印　张	9.25	版　次	2010年7月第1版
字　数	190千字		2023年10月第3版
购书热线	010-58581118	印　次	2024年12月第2次印刷
咨询电话	400-810-0598	定　价	26.00元

本书如有缺页、倒页、脱页等质量问题，请到所购图书销售部门联系调换

物 料 号 60962-00

前　言

本书是"十四五"职业教育国家规划教材《电工电子技术与技能(第3版)》(文春帆主编)的配套教学用书,依据相关教学标准,结合近几年职业教育教学改革的实际情况修订而成,配合主教材使用。

本书共分为14章,按照与主教材对应的章节顺序编写,每章内容由"学习目标""重难点分析""训练题""自测题"4个部分组成。"学习目标"是对各阶段的教学内容提出的学习要求和能力达标要求;"重难点分析"是对主教材内容的概括,对各阶段的学习重点、难点进行提示总结,以帮助学生梳理所学知识,把握学习的重点,"重难点分析"包括"知识框架""重点、难点""学法指导""典型例题"4个模块;"训练题"对主教材中的基础模块和选学模块的基础知识进行巩固训练,以利于学生理解定义、定理,熟悉公式、定理的应用,题型包括判断题、选择题、填空题和分析计算题等;"自测题"是对本章内容的全面复习、巩固和提高,分析、解决的问题都尽量与生产、生活紧密相关,选取学生感兴趣的实际问题,以提高学生的学习积极性。本书具有以下特点:

1. 知识体系结构清晰。每一章都先给出本章的知识框架,然后进行知识梳理,给出学法指导、典型例题,使学生理论联系实际,更容易理解知识,掌握技能。

2. 典型例题具有示范性。典型例题不仅起到解题示范的作用,更为重要的是培养学生分析问题和解决问题的能力。

3. 题型丰富,富有趣味性和实用性。本书题型包括判断题、选择题、填空题和分析计算题等,题型丰富,富有趣味性和实用性,利于提高学生的学习积极性和实践能力。本书也可以为参加对口升学考试的学生提供参考。

4. 习题难易适度。本书习题难度适中,大部分知识点仅要求知道或了解最基本的概念和规律,能够进行定性分析,不要求进行定量计算。少数需要定量计算的习题,在设计时也注意避开较难的数学计算。

本书由成都市教育科学研究院文春帆担任主编,成都电子信息学校李德生担任副主编,成都电子信息学校黄洪刚、李洪涛参与了修订工作。

本书配套习题答案等辅教辅学资源,请登录高等教育出版社Abook新形态教材网(http://abook.hep.com.cn)获取相关资源。详细使用方法见本书最后一页"郑重声明"下方的"学习卡账号使用说明"。

由于编者水平有限,书中难免有疏漏之处,恳请广大读者批评指正,读者反馈邮箱:zz_dzyj@pub.hep.cn。

编者

2023年6月

目　录

第1章 直流电路

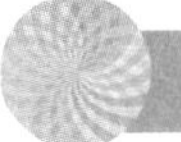

学习目标

了解电工实训室的电源配置，了解常用电工电子仪表及电工工具的类型及作用。

掌握实训室操作规程及安全用电的规定，树立安全用电与规范操作的职业意识。

了解人体触电的类型及常见原因，掌握防止触电的保护措施，了解触电现场的紧急处理措施，了解电气火灾的防范及扑救常识，能正确选择处理方法。

了解电路的基本组成，会识读基本的电气符号和简单的电路图。

理解电路中电流、电压、电位、电动势、电能、电功率等常用物理量的概念；理解欧姆定律，能利用其对电路进行分析与计算。

了解电阻器和电位器的外形、结构、作用、主要参数；会计算导体电阻。

掌握电阻串联、并联及混联的连接方式及其电路特点。

理解基尔霍夫定律，能应用 KCL、KVL 列出电路方程。

能规范使用万用表测量电压、电流、电位、电阻。

重难点分析

一、知识框架

- 直流电路
  - 实训室认识及安全用电
    - 实训室认识
    - 实训室操作规程
    - 人体触电知识
    - 触电原因
    - 预防触电措施
    - 特低电压限值
    - 触电救护知识
    - 电气火灾扑救知识
  - 电路
    - 电路组成
    - 电路的 3 种状态
    - 电路图

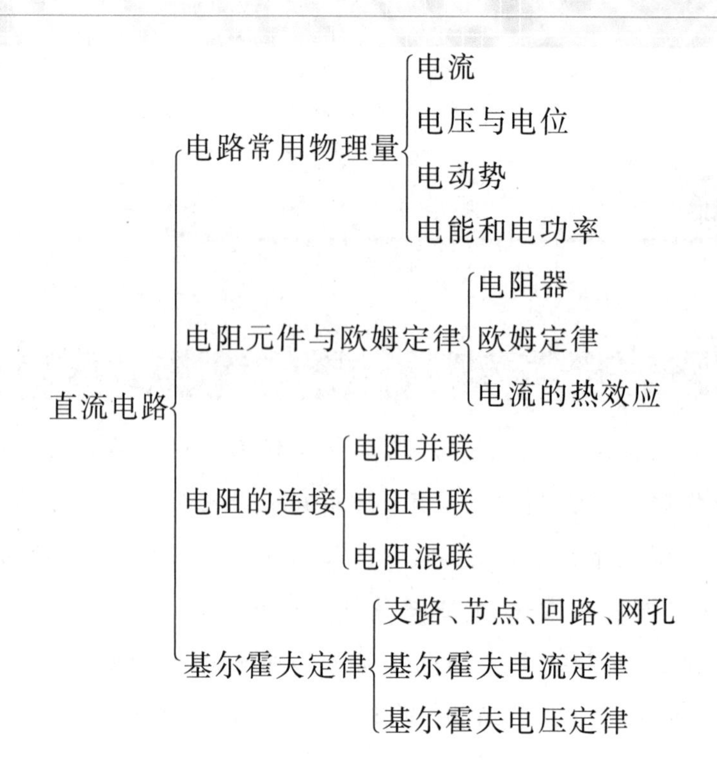

二、重点、难点

本章学习的直流电路知识是在初中物理的基础之上展开的。本章着重学习安全用电知识,简单直流电路的基本概念、基本定律及电路特点。本章的难点是相关电路的分析、计算及相关定律的应用。这些计算是建立在许多重要概念的基础之上的,所以必须要在理解基本概念的基础上进行电路的分析和计算。

三、学法指导

在学习本章知识时,主要通过参观实训室来认识电及电工电子产品在实际生产和生活中的应用,了解常用电工仪表及电工工具的使用;通过演示实验或多媒体视频来学习安全用电,学会防止触电的安全措施及触电急救技能;通过拆装简单用电器来认识简单电路、理解欧姆定律;通过实物电阻元件来学会电阻元件的识别方法并能正确识读电阻器参数;理解电阻的连接及其应用。通过实训的方式来学会万用表、直流电压表、直流电流表的使用,并能进行直流电压、直流电流及电阻值的测量。

(一)安全用电知识

1. 实训室认识

实训中使用的电源有直流电源和交流电源两种。在工作台或仪表盘上用英文字母“DC”表示直流电,“AC”表示交流电。

实训中常用的电工电子仪表有:万用表、直流电压表、直流电流表、交流电压表、交流电流表、兆欧表、钳形电流表。

电工工具是电气操作的基本工具,可分为通用电工工具、线路装修工具和设备装修工具

3 类。

2. 触电种类和触电方式

人体触电有电击和电伤两类。在低压电力网中，常见的触电方式有单相触电、两相触电和跨步电压触电。

3. 触电原因

常见触电原因：线路架设不合格，电气操作制度不严格、不健全，用电设备不合要求，用电不谨慎，违反操作规程等。

4. 特低电压限值

我国有关标准规定的特低电压限值有 6 V、12 V、24 V、36 V 和 42 V，不同场所选用的电压等级不同。

5. 触电急救措施

当发现有人触电时，实施抢救首先是要使触电者脱离电源，其次是迅速对症救治。人工急救方法：口对口人工呼吸法和胸外心脏按压法。

当电气设备发生火灾时，首先要切断电源，并视情况及时拨打 119 求助于专业消防人员。只有确实无法断开电源时，才允许带电灭火。当电源切断以后，电气火灾的扑救方法与一般的火灾扑救相同。

(二) 电路

1. 电路

电路是电流流过的路径。电路一般由电源、导线、开关和用电器组成。电源提供能量；导线连接传输；开关控制通断；用电器则把电能转换为其他形式的能。

2. 电路的状态

通路（有正常工作的电流）、开路（电流为零）、短路（电流较大，会损坏相关设备，应尽量避免电路发生短路故障）。

(三) 电路常用物理量

1. 电流

电荷的定向移动形成电流。电流是一种物理现象，电流在量值上等于通过导体横截面的电荷与通过这些电荷所用的时间的比值。用公式表示为

$$I=\frac{q}{t}$$

在国际单位制（SI）中，q 的单位是 C（库），t 的单位是 s（秒），I 的单位是 A（安）。

$$1\ \text{A}=10^3\ \text{mA}=10^6\ \mu\text{A}$$

规定正电荷定向移动的方向为电流的方向。

2. 电压

电路中，A、B 两点间的电压等于电场力把正电荷由 A 点移到 B 点所做的功 W_{AB} 与移送电

荷 q 的比值。用公式表示为

$$U_{AB}=\frac{W_{AB}}{q}$$

在国际单位制中，W_{AB}的单位是J(焦)，q 的单位是C(库)，U_{AB}的单位是V(伏)。

$$1\ \mathrm{V}=10^{3}\ \mathrm{mV}=10^{6}\ \mu\mathrm{V}$$

3. 电位

衡量电路中电位的高低要先确定一个基准，这个基准称为参考点，并规定参考点的电位为"0"。

参考点确定之后，电路中任何一点的电位就有了确定的数值，这就是该点与参考点之间的电压。

任意两点间的电压等于两点之间的电位差。

4. 电源和电动势

电源是把其他形式的能转换成电能的装置，它向用电器提供源源不断的电能。电源的电动势等于电源没有接入电路时两极间的电压。电动势用符号 E 表示，单位与电压的单位相同，也是V。

5. 电能

在电场力的作用下，电荷的定向移动形成的电流所做的电功即称为该段电路所消耗的电能。某段电路(或元件)消耗的电能与这段电路两端电压、电路中电流和通电时间成正比，用公式表示为

$$W=UIt$$

在国际单位制中，U 的单位是V(伏)，I 的单位是A(安)，W 的单位是J(焦)。

在生活中，电能常用另一个量度单位：kW·h(千瓦·时)，俗称度，它和J的换算关系是 $1\ \mathrm{kW\cdot h}=3.6\times10^{6}\ \mathrm{J}$。

6. 功率

单位时间内负载消耗的能量称为负载取用的电功率，简称功率。它是表明负载消耗电能快慢程度的物理量，用字母 P 表示，用公式表示为

$$P=UI$$

在国际单位制中，U 的单位是V(伏)，I 的单位是A(安)，P 的单位是W(瓦)。

$$1\ \mathrm{kW}=10^{3}\ \mathrm{W}=10^{6}\ \mathrm{mW}$$

(四) 电阻元件与欧姆定律

1. 电阻定律

在一定温度下，同种材料的导体，其电阻 R 与它的长度 l 成正比，与它的横截面积 A 成反比。用公式表示为

$$R=\rho\frac{l}{A}$$

在国际单位制中,ρ 的单位是 Ω·m(欧·米),l 的单位是 m(米),A 的单位是 m^2(米^2),R 的单位是 Ω(欧)。

$$1\ \text{M}\Omega=10^3\ \text{k}\Omega=10^6\ \Omega$$

2. 电阻器的主要参数

电阻器的主要参数包括电阻值、允许偏差、额定功率等。

3. 色环电阻标注方法(如图 1-1 所示)

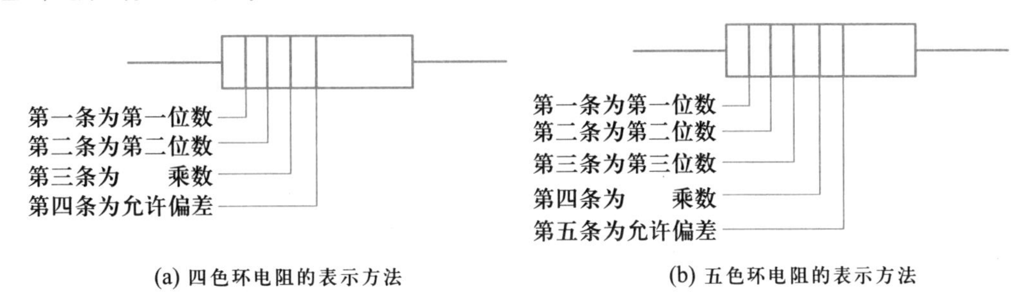

(a) 四色环电阻的表示方法　　(b) 五色环电阻的表示方法

图 1-1

4. 色标符号的意义(见表 1-1)

表 1-1

颜色	有效数字	乘数	允许偏差%
银色		10^{-2}	±10
金色		10^{-1}	±5
黑色	0	10^0	
棕色	1	10^1	±1
红色	2	10^2	±2
橙色	3	10^3	
黄色	4	10^4	
绿色	5	10^5	±0.5
蓝色	6	10^6	±0.25
紫色	7	10^7	±0.1
灰色	8	10^8	
白色	9	10^9	+50~-20
无色			±20

5. 欧姆定律

导体中的电流 I 与导体两端的电压 U 成正比,与导体的电阻值 R 成反比。用公式表示为

$$I=\frac{U}{R}$$

在国际单位制中，U 的单位是 V（伏），R 的单位是 Ω（欧），I 的单位是 A（安）。

6. 焦耳定律

电流通过导体产生的热量与电流的平方、导体电阻和通电时间成正比，这就是焦耳定律。用公式表示为

$$Q=I^2Rt$$

在国际单位制中，I 的单位是 A（安），R 的单位是 Ω（欧），t 的单位是 s（秒），Q 的单位是 J（焦）。

（五）电阻的连接

1. 并联电路

并联电路各电阻两端的电压处处相等 $U=U_1=U_2=\cdots=U_n$

并联电路的总电流等于各个电阻电流之和 $I=I_1+I_2+\cdots+I_n$

总电阻的倒数等于各分电阻倒数之和 $\dfrac{1}{R}=\dfrac{1}{R_1}+\dfrac{1}{R_2}+\cdots+\dfrac{1}{R_n}$

两个电阻 R_1、R_2 并联，则 $R=\dfrac{R_1\cdot R_2}{R_1+R_2}$

单个电阻电流与自身电阻值成反比 $I_n=\dfrac{U}{R_n}$

两个电阻 R_1、R_2 并联的分流公式 $I_1=\dfrac{R_2}{R_1+R_2}I$，$I_2=\dfrac{R_1}{R_1+R_2}I$

电阻消耗的功率与自身电阻值成反比 $P_n=\dfrac{U^2}{R_n}$

2. 串联电路

串联电路中电流处处相等 $I=I_1=I_2=\cdots=I_n$

串联电路两端总电压等于各电阻电压之和 $U=U_1+U_2+\cdots+U_n$

总电阻等于各分电阻之和 $R=R_1+R_2+\cdots+R_n$

两个电阻 R_1、R_2 串联的分压公式 $U_1=\dfrac{R_1}{R_1+R_2}U$，$U_2=\dfrac{R_2}{R_1+R_2}U$

电阻消耗的功率与自身电阻值成正比 $P_n=I^2R_n$

3. 混联电路

既有电阻串联又有电阻并联的电路，称为电阻混联电路。分析混联电路的关键问题是看清楚电路的连接特点，即分清串、并联。将明显属于串联关系的几个电阻用一个等效电阻代替，将明显属于并联关系的几个电阻也用一个等效电阻代替，从而简化电路，最后等效为一个电阻。

（六）基尔霍夫定律

1. 基本概念

支路是由一个或几个元件首尾相接构成的无分支串联电路；节点是 3 条或 3 条以上支路的交点；回路是电路中任何一个闭合的路径；网孔则是内部不包含支路的回路，即独立回路。

2. KCL 定律

基尔霍夫电流定律也称为节点电流定律或 KCL 定律，即电路中任意一个节点上，在任一时刻节点电流代数和为零，即 $\sum I=0$。

3. KVL 定律

基尔霍夫电压定律也称为回路电压定律或 KVL 定律，是说明在任意回路中，各支路的电压间的相互关系，即在任意回路中，在任一时刻从一点出发绕回路一周回到该点时，各支路电压（电位降）的代数和等于零，即 $\sum U=0$。

四、典型例题

例 1-1 流过电路中某段导体的电流为 2 A，则每分钟通过导体横截面的电荷是多少？

分析：根据电流计算公式 $I=\dfrac{q}{t}$ 可求出通过导体横截面的电荷。

解：每分钟通过导体横截面的电荷量为

$$q=It=2\times60\ \text{C}=120\ \text{C}$$

例 1-2 在一段导体两端加上电压产生的电场力把 2 C 的正电荷从 A 点移送到 B 点所做的功为 3 J，则在该段导体两端所加的电压为多少？

分析：根据电压计算公式 $U_{AB}=\dfrac{W_{AB}}{q}$ 可求出导体两端所加的电压。

解：导体两端所加的电压为

$$U_{AB}=\frac{W_{AB}}{q}=\frac{3}{2}\ \text{V}=1.5\ \text{V}$$

例 1-3 某工厂生产车间有 100 盏 40 W 荧光灯，若从早上 8 点开始一直工作到晚上 8 点，则一天要消耗多少电能？若 1 kW · h 需要 0.6 元电费，则工作 20 天需要多少电费？

分析：根据电能计算公式 $W=UIt=Pt$ 可求出消耗的电能。

解：根据题意 100 盏灯消耗的总功率为　$P=100\times40\ \text{W}=4\ 000\ \text{W}=4\ \text{kW}$

一天工作时间为　$t=12\ \text{h}$

则一天消耗的电能　$W=Pt=4\times12\ \text{kW}\cdot\text{h}=48\ \text{kW}\cdot\text{h}$

工作 20 天消耗的电能为　$W=20\times48\ \text{kW}\cdot\text{h}=960\ \text{kW}\cdot\text{h}$

所需电费 $=960\times0.6$ 元 $=576$ 元

例 1-4　某电阻器标注为“100 Ω、$\frac{1}{4}$ W”，则正常工作时能在该电阻两端加多少伏的电压？流过电阻的电流是多少？

分析：根据功率计算公式 $P=UI$ 及欧姆定律 $I=\frac{U}{R}$，可求出电阻两端的电压和流过电阻的电流。

解：把欧姆定律代入功率计算公式有 $P=UI=\frac{U^2}{R}=I^2R$，则正常工作时能在该电阻两端加电压

$$U=\sqrt{PR}=\sqrt{100\times\frac{1}{4}}\ \text{V}=5\ \text{V}$$

流过电阻的电流是　$I=\sqrt{\frac{P}{R}}=\sqrt{\frac{\frac{1}{4}}{100}}\ \text{A}=0.05\ \text{A}$

例 1-5　列出图 1-2 所示电路中节点 B 的电流方程和 ABEFA 及 BCDEB 回路电压方程。

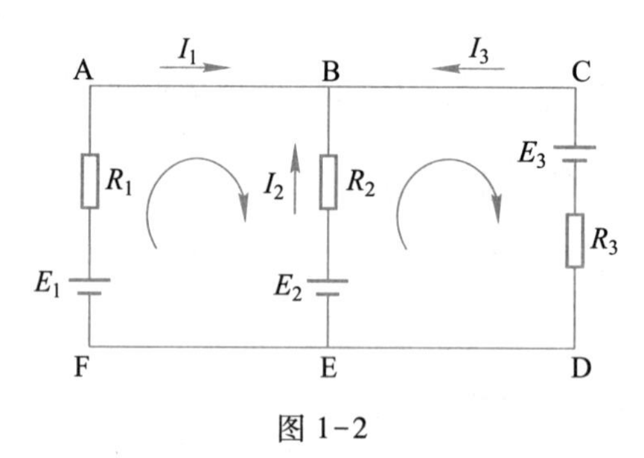

图 1-2

分析：根据基尔霍夫电流定律列节点电流方程，根据基尔霍夫电压定律列回路电压方程。

解：根据 KCL 定律，对于节点 B 有

$$I_1+I_2+I_3=0$$

设回路绕行方向如图 1-2 所示。根据 KVL 定律，对于 ABEFA 回路有

$$-E_1+I_1R_1-I_2R_2+E_2=0$$

对于 BCDEB 回路有

$$-E_2+I_2R_2+E_3-I_3R_3=0$$

注意：在列 KVL 方程中，电阻中电流参考方向与绕行方向一致取正（如 ABEFA 回路方程中的 R_1 上的电压降），相反取负（如 ABEFA 回路方程中的 R_2 上的电压降）；电动势方向与绕行方向一致取负（如 ABEFA 回路方程中的电动势 E_1），相反取正（如 ABEFA 回路方程中的电动

势 E_2)。

训练题

一、想一想(正确的打"√",错的打"×")

1. 学生在实训过程中,必须严格遵守安全文明操作规程。 ( )
2. 只要电源电压小于 36 V 对人就没有危险。 ( )
3. 电路图是用元件的实物图连接起来的。 ( )
4. 由 $R=\frac{U}{I}$可知,R 的大小与 U 成正比、与 I 成反比。 ( )
5. 导体电阻值大小不仅取决于导体长度、导体横截面积、导体材料,还与周围环境温度有关。 ( )
6. "220 V、60 W"的照明灯在 110 V 的电源上能正常发光。 ( )
7. 3 个相同电阻采用串、并、混联 3 种方式连接,要使其阻值最大应采用并联。 ( )
8. 功率越大的电器所需电压一定越高。 ( )
9. 当电路工作于开路状态时,电路中没有电流。 ( )
10. 将"40 W、220 V"和"60 W、220 V"的灯串联后接于 220 V 电源上,40 W 的灯比 60 W 的灯要亮些。 ( )
11. 电流只要大小随时间变化,就是交流电。 ( )
12. 电流流过的路径称为电路。 ( )

二、选一选(每题只有一个正确答案)

1. 发现有人触电首先应做的是( )。

A. 迅速离开

B. 观望

C. 用手去把触电者拉离电源

D. 在保护好自身安全的情况下想办法使触电者尽快脱离电源

2. 已知某电阻两端电压为 10 V,流过电阻的电流为 2 A,则该电阻阻值为( )。

A. 5 Ω　　B. 5 W　　C. 5 J　　D. 5 V

3. 电阻大小与( )无关。

A. 电压大小　　B. 导体长度　　C. 导体材料　　D. 导体横截面积

4. 一个"3 kW、220 V"的电炉通电 5 h 消耗电能( )。

A. 15 J　　B. 1.5×10^4 kW · h　　C. 15 kW · h　　D. 1.5×10^3 kW · h

5. 一个电饭锅的工作电压是220 V,工作电流是5 A,则电饭锅消耗的功率是(　　)。

A. 44 W　　B. 110 W　　C. 225 W　　D. 1 100 W

6. 一电阻为 R 的导体,把它的长度均匀拉伸为原来的2倍,则该段导体电阻变为(　　)。

A. $\frac{1}{4}R$　　B. $\frac{1}{2}R$　　C. R　　D. $4R$

7. 已知电阻 $R_1=200\ \Omega$,$R_2=100\ \Omega$,把它们串联接入电压为30 V的电路中,电阻 R_1 两端电压为(　　)。

A. 10 V　　B. 20 V　　C. 30 V　　D. 0 V

8. 把10个100 Ω电阻并联,其等效电阻为(　　)。

A. 1 000 Ω　　B. 100 Ω　　C. 10 Ω　　D. 1 Ω

9. 若1 min内通过导线某横截面的电荷量为120 C,则该导线中的电流为(　　)。

A. 1 A　　B. 2 A　　C. 3 A　　D. 120 A

10. 在图1-3所示电路中,节点O的电流方程正确的是(　　)。

A. $I_1+I_2+I_3+I_4=0$　　B. $I_1-I_2+I_3-I_4=0$

C. $I_1-I_2-I_3+I_4=0$　　D. $I_1+I_2+I_3-I_4=0$

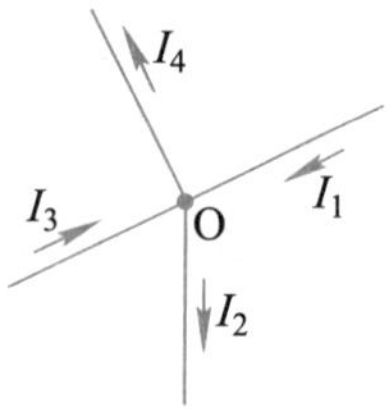

I_4 I_1 I_3 O I_2

图1-3

11. 电阻器表面所标记的阻值是(　　)。

A. 实际值　　B. 标称值

C. 实际值或标称植　　D. 最大值

12. 当电阻 R 上的 u、i 参考方向相反时,欧姆定律的表达式为(　　)。

A. $u=Ri$　　B. $u=R|i|$　　C. $u=-R|i|$　　D. $u=-Ri$

三、填一填

1. 人体触电方式有______、______和______3种。

2. 我国有关标准规定的有______、______、______、______和______5个电压等级的特低电压限值。

3. 电路由______、______、______和______4部分组成;有______、______和______3种状态。

4. 电荷的定向移动形成______,若1 min内通过某一导线横截面的电荷量为6 C,则通过该导线的电流是______。

5. 色环电阻中颜色代表的数字分别是:黑______、棕______、红______、橙______、黄______、绿______、蓝______、紫______、灰______、白______。

6. 某电动自行车前灯的电压为10 V,电流为200 mA,这个灯消耗的功率为______。

7. 电路中A点电位为48 V,B点电位为60 V,则A、B两点间电压是 $U_{AB}=$______。

8. 某饮水机外包装标有“220 V、550 W”,使用1 h后产生的热量为______。

9. 万用表 $R\times100$ 挡，表盘读数为 30，则该电阻的阻值是__________。

10. 两个电阻的分压公式 $U_1=$____________，$U_2=$____________；两个电阻的分流公式 $I_1=$____________，$I_2=$____________。

11. 电压的方向规定由________端指向________端，即电位________的方向。

12. 计量高电阻时用________或________为单位。

四、算一算

1. 一个“220 V、100 W”的灯接到电源电压为 220 V 的电路中使用一周（按 7 天计算），每天工作 8 h。(1) 电路中的电流为多少？(2) 消耗多少电能？(3) 若电价为 0.50 元/(kW·h)，则一周需要多少电费？

2. 有一个电炉，炉丝长为 100 m，炉丝采用镍铬丝，其电阻率为 $1.0\times10^{-6}\ \Omega\cdot\text{m}$，横截面积为 5 mm^2，炉丝的电阻值为多少？

3. 某房间有“220 V、100 W”“220 V、40 W”“220 V、25 W”用电器各一个。试求：(1) 各用电器电阻；(2) 工作时流过各用电器的电流及全部工作时的总电流。

4. 图 1-4 所示电路中，若流过电路的总电流 $I=0.5$ A，3 个电阻值分别为 10 Ω、5 Ω、20 Ω。试求：(1) 串联后的等效电阻；(2) 每个电阻两端的电压及电路的总电压。

5. 电路如图 1-5 所示。(1) 写出节点 E 的电流方程；(2) 列出回路 ABCDEFA、ABEFA、BCDEB的电压方程。

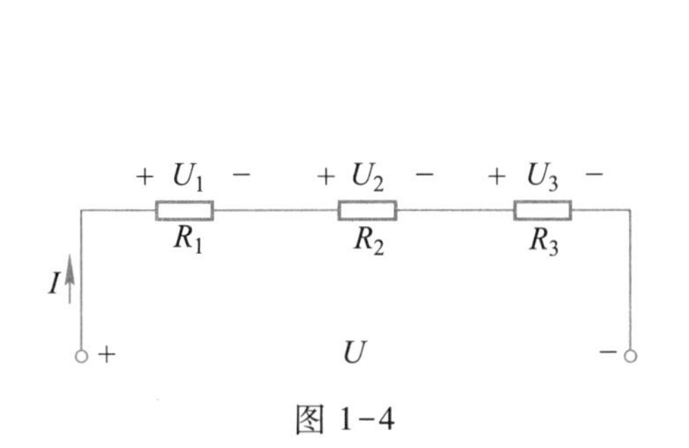

图 1-4

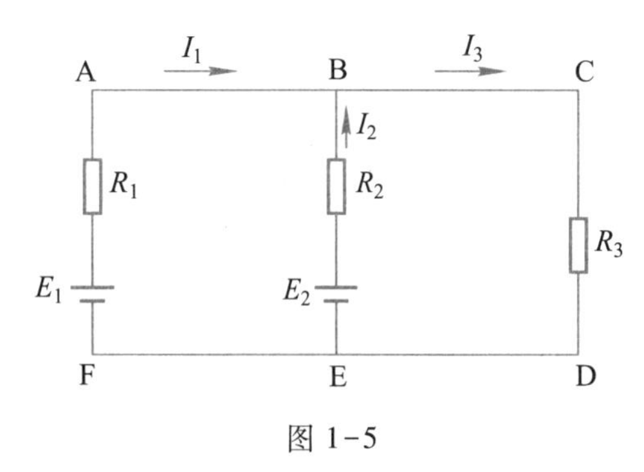

图 1-5

6. 若想绕制一个 220 V/1 000 W 的电炉，则所需电阻丝的阻值应多大？允许通过电阻丝的最大电流多大？

五、查一查

我家是如何做到安全用电的？

请利用手机或计算机上网查找家庭安全用电相关知识，观察并记录家里有哪些地方做了配电防护，分析家里做配电防护的地方是如何做到安全用电的。小组探讨并形成“我家是如何做到安全用电的”调查方案，并在班级内分享。

自测题

一、判断题(正确的打"√",错的打"×")

1. 钳形电流表和普通电流表的使用方法完全一样,都是用于测量电路工作电流的电工仪表。( )

2. 实训过程必须严格按照操作规程进行,只有在检查无误的情况下才能通电进行测量。( )

3. 节能灯中所有的电能都转换成了光能。( )

4. 电路中任意两点间的电压不会随零电位点的改变而改变。( )

5. 电阻串联后阻值越串越大,电阻并联后阻值越并越小。( )

6. 当发现电气火灾时应及时切断电源并视火灾情况拨打119报警。( )

7. 电阻串联电路中,电阻值越大其两端分得的电压越高。( )

8. 在复杂直流电流中,只要是元件连接处就是节点。( )

9. 每个用电器都可以工作在通路、开路、短路3种状态。( )

二、选择题

1. 一个电阻两端加15 V电压时,通过3 A电流,若加20 V电压,则通过它的电流是( )。

A. 1 A　B. 2 A　C. 3 A　D. 4 A

2. 有一根电阻值为1 Ω的电阻丝,把它均匀拉长为原来的3倍,拉长后电阻丝的阻值为( )。

A. 1 Ω　B. 3 Ω　C. 6 Ω　D. 9 Ω

3. 某电阻器标注为"100 Ω、$\frac{1}{4}$ W",则正常工作时能加的最大电压为( )。

A. 25 V　B. 5 V　C. 2 V　D. 1 V

4. 已知电阻$R_1=100\ \Omega$,$R_2=200\ \Omega$,把它们串联接入电压为60 V的电路中,电阻R_1两端电压为( )。

A. 20 V　B. 40 V　C. 60 V　D. 0 V

5. 把300 Ω和600 Ω两个电阻并联,其等效电阻为( )。

A. 200 Ω　B. 900 Ω　C. 180 000 Ω　D. 2 Ω

6. 一个电炉的工作电压是220 V,电炉消耗的功率是440 W,则正常工作电流是( )。

A. 1 A　B. 1.5 A　C. 2 A　D. 3 A

7. 某色环电阻标注的颜色为紫绿黄银，其标称阻值和允许偏差为(　　)。

A. 754 Ω(±5%)　　B. 750 kΩ(±5%)

C. 7.5 MΩ(±10%)　　D. 750 kΩ(±10%)

8. 某用电器正常工作时工作电压为 9 V，工作电流为 100 mA，其直流电阻为 10 Ω，则 10 min后该用电器产生的热量是(　　)。

A.9 J　　B. 60 J　　C. 540 J　　D. 54 000 J

三、填空题

1. 电路中某点的电位，就是该点与零电位之间的________。

2. 电能通过用电器时，将电能转换为其他形式的能。电能的计算公式是________、电功率的计算公式是________、电热的计算公式是________。

3. 导体对电流的通过具有一定的阻碍作用，称为________；导体电阻大小是由导体本身的物理条件决定的，用公式表示为________。

4. 并联电路的特点：并联电路各支路两端的电压________；总电流等于________；总电阻的倒数等于________。

5. 串联电路的特点：串联电路中电流________；串联电路两端的总电压等于________；总电阻等于________。

6. 基尔霍夫电流定律：电路中任一节点，在任一时刻通过节点的________________。

7. 基尔霍夫电压定律：任一闭合回路内，任一时刻沿任一回路绕行一周，________________。

四、分析与计算

1. 某单位有 100 盏 40 W 荧光灯，若从早上 8 点开始一直工作到下午 6 点，则一天要消耗多少电能？若 1 kW·h 需要 0.6 元电费，则工作 1 个月(按 30 天计算)需要多少电费？

2. 图 1-6 所示电路中，若 $U=100$ V，3 个电阻阻值分别为 200 Ω、300 Ω、500 Ω。试求：(1) 串联后的等效电阻；(2) 每个电阻两端电压。

3. 写出图 1-7 所示电路中的节点电流方程。

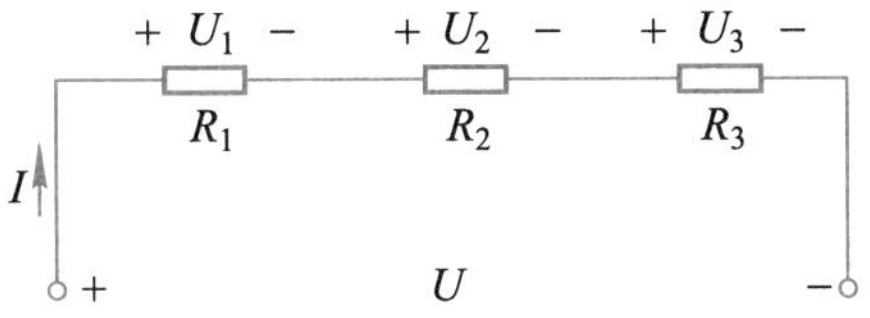

图 1-6

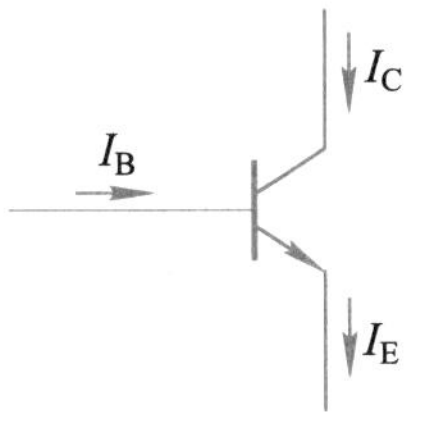

图 1-7

4. 已知 I_1、I_2、I_3 的方向如图 1-8 所示，则 $I_1=$________ A，$I_2=$________ A，$I_3=$________

A, $E=$ ________ V。

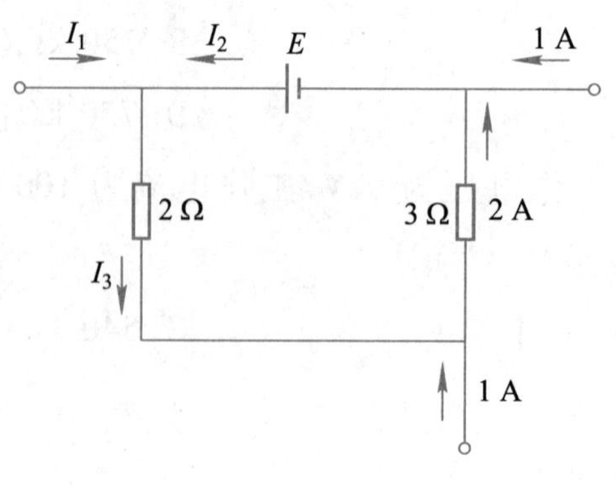

图 1-8

第 2 章

电容与电感

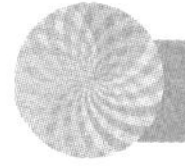

学习目标

了解实际电容元件，会识别电容器。

了解电容的概念、参数及标注，能判断电容器的好坏，了解其应用。

了解实际电感元件，会识别电感器。

了解电感的概念、参数及标注，能判断电感器的好坏，了解其应用。

重难点分析

一、知识框架

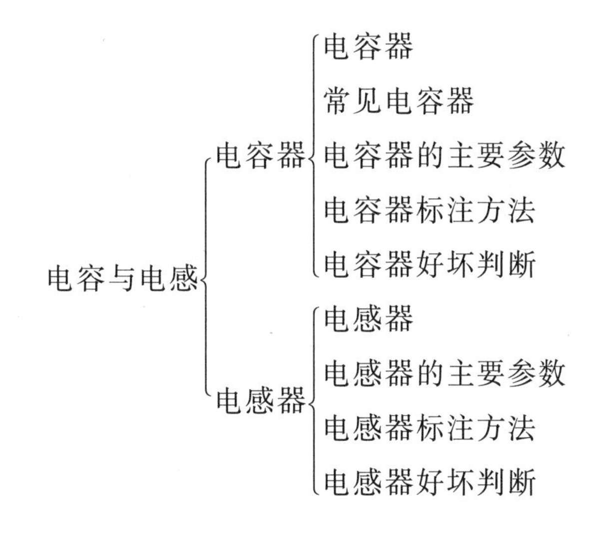

二、重点、难点

本章学习的电容器和电感器是构成电路的基本元件。本章着重学习电容器和电感器的标注方法和用万用表检测判断电容器、电感器好坏的方法；通过学习能正确识别电容器、电感器参数和判断其好坏。本章的难点是对各参数的理解，如电容器的电容量、电感器的电感量及品质因数等。

三、学法指导

在学习本章知识时，主要通过实物展示的方式来学习电容器和电感器，在做中学，在学中做。通过实物电容器和电感器来学会识别电容器和电感器的主要参数;学会用万用表检测判断电容器和电感器好坏的方法。通过观察各种用电器内部机芯电路板组成来了解电容器和电感器的应用。

(一) 电容器

1. 电容器

电容器是一种储存电场能的元件。电容器由两块互相靠近的金属极板构成,两极板之间为绝缘介质,在两极板上分别引出一根引脚。

2. 电容

电容是电容器的一个工作参数,用于衡量其储存电荷本领大小的物理量。电容器两极板间电压为 U 时,电容器任一极板所带电荷量为 q,则 q 与 U 的比值定义为电容器的电容量,简称电容。用公式表示为

$$C=\frac{q}{U}$$

在国际单位制中,q 的单位是 C(库),U 的单位是 V(伏),C 的单位是 F(法)。

$$1\ \text{F}=10^{6}\ \mu\text{F}=10^{9}\ \text{nF}=10^{12}\ \text{pF}$$

3. 电容器符号

电容器在电路图中的图形符号见表 2-1。

表 2-1

名称	无极性电容器	有极性电容器	半可变电容器	可变电容器	双联电容器
图形符号		+			

4. 电容器主要参数

电容器的主要参数有:标称容量、允许偏差和额定电压(又称为耐压),如图 2-1 所示。

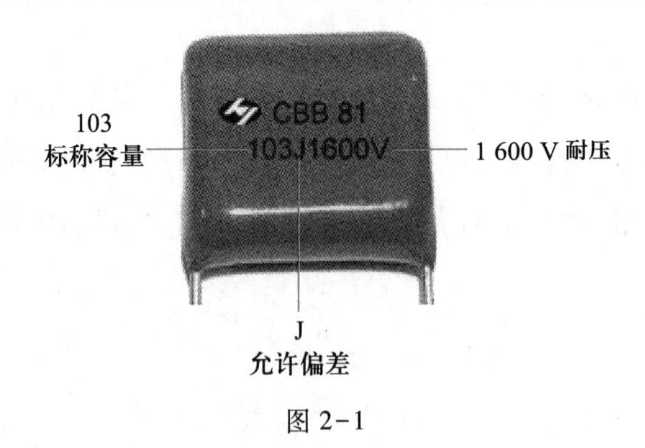

图 2-1

5. 电容器标注方法

电容器常用的标注方法有:直标法、文字符号法和数码法 3 种,如图 2-2 所示。

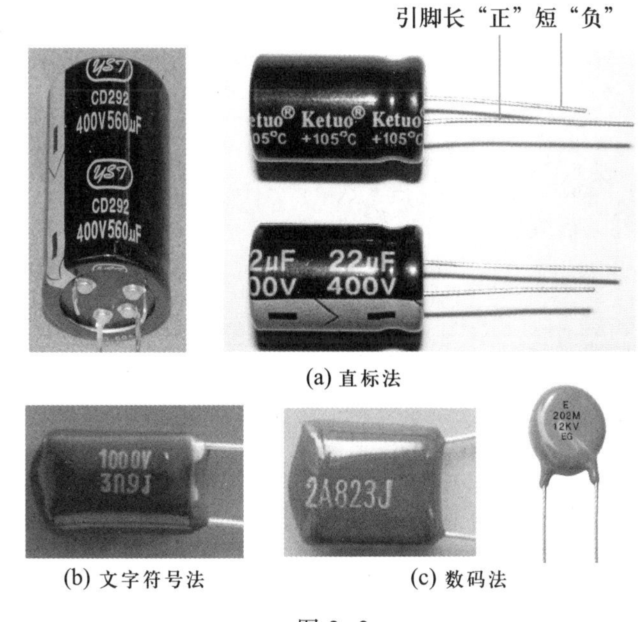

(a) 直标法

(b) 文字符号法　　(c) 数码法

图 2-2

6. 电容器好坏判断

电容器的好坏通常借助万用表电阻挡来判断,在测量电容器时观察指针偏转情况得到相应结论,常见的故障有:开路、短路、漏电和电容量减小等。也可通过直接观察电容器外观有无断脚、破裂、漏液等来判断。

(二) 电感器

1. 电感器

电感器是一种储存磁场能量的元件。电感器一般由采用外层绝缘的铜导线绕制而成。

2. 电感器符号

常用电感器的图形符号,如图 2-3 所示。

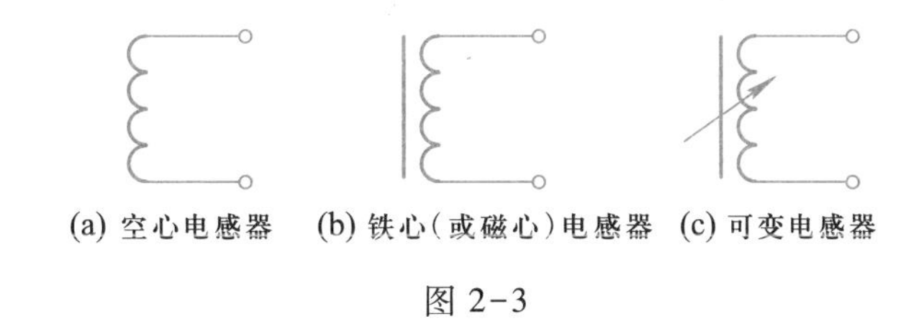

(a) 空心电感器　(b) 铁心(或磁心)电感器　(c) 可变电感器

图 2-3

3. 电感器主要参数

电感器的主要参数有:电感量、额定电流和品质因数等。电感量的单位是 H(亨)。

$$1\ \mathrm{H}=10^3\ \mathrm{mH}=10^6\ \mu\mathrm{H}$$

4. 电感器标注方法

电感器常用的标注方法有:直标法、文字符号法、数码法和色标法,如图2-4所示。

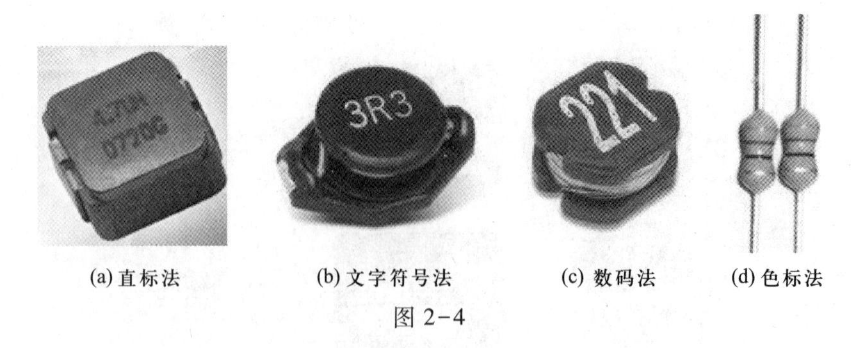

(a) 直标法　(b) 文字符号法　(c) 数码法　(d) 色标法

图2-4

5. 电感器好坏判断

直接观察电感器的引脚是否断开,磁心是否松动、绝缘材料是否破损或烧焦等。同时也可借助万用表的电阻挡,测量电感器的通断及其电阻值的大小来判断电感器的好坏。

训练题

一、想一想(正确的打"√",错的打"×")

1. 电容器是储能元件,在电路中应用非常广泛。 ( )
2. 所有有极性电容器引脚都是长"正"短"负"。 ( )
3. 电容器的电容量大小与电容器两端电压大小无关。 ( )
4. 部分电容器外壳没有标注耐压,说明该电容器的额定电压为0 V。 ( )
5. 用万用表电阻挡检测电容器时指针动了,说明电容器一定漏电。 ( )
6. 电感量单位是亨,用字母H表示。 ( )
7. 收音机中天线线圈是一电感器,其电感量越大,则选台能力越好,越不易串台。( )
8. 电感器的电感量大小与电感器是否通电无关。 ( )
9. 电感器是一种储存磁场能量的元件,具有通交流、阻直流的特性。 ( )
10. 用万用表 $R\times1$ 挡测电感器时指针不动,说明该电感器漏电。 ( )
11. 一电感元件某时刻两端的电压为零,则该时刻流过的电流一定为零,因此,它储存的能量也为零。 ( )

二、选一选(每小题只有一个正确答案)

1. 电容器的电容量单位是( )。

A. H　B. F　C. A　D. V

2. 某电容器的额定工作电压是250 V,使用时其两端直流电压不能接( )。

A. 100 V　　B. 150 V　　C. 250 V　　D. 380 V

3. 某电容采用数码法标注“103”，则其电容量为(　　)。

A. 0.01 μF　　B. 1 000 pF　　C. 103 F　　D. 10 000 F

4. 用指针式万用表测量电容器时，一般容量大于 47 μF 应选(　　)挡。

A. $R\times10$　　B. $R\times100$　　C. $R\times1$k　　D. $R\times10$k

5. (　　)不是电感器的主要工作参数。

A. 电感量　　B. 品质因数　　C. 额定电压　　D. 额定电流

6. 电感器外壳标注为“D Ⅱ”，则该电感器的额定电流为(　　)。

A. 50 mA　　B. 150 mA　　C. 300 mA　　D. 700 mA

7. 测量小电感器时一般选用万用表(　　)挡。

A. $R\times1$　　B. $R\times10$　　C. $R\times100$　　D. $R\times1$k

8. 下列字母中代表电容器允许偏差±5%的是(　　)。

A. J　　B. K　　C. M　　D. N

9. 用指针式万用表测量电感器时电阻值明显小于厂家提供的参数，说明电感器(　　)。

A. 正常　　B. 完全击穿短路　　C. 开路　　D. 存在局部短路

10. 用指针式万用表测量电感器时指针不动，说明电感器(　　)。

A. 正常　　B. 完全击穿短路　　C. 开路　　D. 存在局部短路

三、填一填

1. 在国际单位制中，电容的单位是________，实际常用的单位是________和________。

2. 1 F=__________ μF=__________ pF。

3. 电容器的额定工作电压一般称为__________，在使用时不能超过此电压值。

4. 电容器的主要参数有__________、__________和__________等。

5. 电感器的主要参数有__________、__________和__________等。

6. 电感器和电容器都是__________元件，电感器储存__________能，电容器储存__________能。

7. 1 H=__________ mH=__________ μH。

8. 用指针式万用表测量电感器时，应选用__________挡测量。

9. 电感器外壳标注“A Ⅲ”，则该电感器的额定电流是__________，允许偏差为__________。

10. 测量电感器时，若电阻值为无穷大则说明该电感器已________；若电阻值明显比厂家提供的参考值小则说明该电感器________。

四、综合分析

1. 电容器在电路中有什么作用？画出常见电容器的电路符号。

2. 电感器在电路中有什么作用？画出常见电感器的电路符号。

五、查一查

电容式触摸屏是如何工作的？

生活中常见的手机、计算机等带有触摸屏的电子设备大多采用电容式触摸屏，你知道它的工作原理吗？请利用手机或计算机上网查找电容式触摸屏的构成、工作原理，形成调查分析报告，并在班级内分享。

自测题

一、判断题（正确的打“√”，错的打“×”）

1. 电容器是储能元件，它存储的电能越多，则电容量就越大。 ( )
2. 电容器的电容量会随着它所带电荷量的变化而变化。 ( )
3. 使用指针式万用表检测电容器好坏时一般选择电阻挡。 ( )
4. 用万用表电阻挡可以检测所有电容器的好坏。 ( )
5. 所有电解电容器都是有极性电容器。 ( )
6. 电感器是储能元件，它存储的能量越多，则电感量就越大。 ( )
7. 电感器的电感量同样会随着它存储的能量的变化而变化。 ( )
8. 用万用表电阻挡检测电感器好坏是根据万用表检测出电感器直流电阻阻值来判断的。 ( )
9. 用万用表检测某电感器时阻值为零，说明该电感器一定短路。 ( )
10. 用万用表检测某电感器时阻值为无穷大，说明该电感器开路。 ( )

二、填空题

1. 电容器和电阻器都是电路中的基本元件，但它们在电路中所起的作用是不同的。从能量上看，电容器是一种________元件，而电阻器则是________元件。

2. 识读下列电容器参数：

电容器标注	标称容量	允许偏差	电容器标注	标称容量	允许偏差
33nJ			022		—
3n9		—	6800M		
2μ2		—	15		—
332		—	8.2		—
104K			680n		—

3. 电容器额定工作电压一般称为____________,在电路中应使其两端实际工作电压小于或等于该电压值。

4. 识读下列电感器的电感量:

电感器标注	电感量	电感器标注	电感量
221		蓝灰棕金	
3R3		红红棕金	
47 N		CⅡ470 μH	

5. 电感器中长时间通过的直流电流值定义为电感器的__________值,一般要稍大于电路中流过的最大电流。

6. 1.2 H=__________ mH,680 μH=__________ mH。

三、综合分析题

1. 简述用指针式万用表判断电容器好坏的方法。
2. 简述用指针式万用表判断电感器好坏的方法。

※第3章

磁场及电磁感应

学习目标

了解磁场及电流的磁场,了解安培力的大小及方向。

了解磁路、主磁通和漏磁通的概念。

了解铁磁性物质的磁化现象;了解常用磁性材料的种类及其用途。

了解电磁感应现象及定律;理解楞次定律和右手定则。

重难点分析

一、知识框架

- 磁场及电磁感应
  - 磁场
    - 磁场
    - 电流的磁场方向:安培定则
  - 磁路物理量
    - 磁通
    - 磁感应强度
    - 磁导率
    - 磁场强度
    - 磁路
  - 磁场对通电导体的作用力
    - 大小:$F=BIl$
    - 方向:左手定则
  - 铁磁性物质
    - 铁磁性物质的磁化
    - 铁磁性物质分类
  - 电磁感应
    - 电磁感应现象
    - 电磁感应定律
      - 大小:$E=Blv$ 或 $e=N\dfrac{\Delta\Phi}{\Delta t}$
      - 方向:右手定则或楞次定律

二、重点、难点

本章着重学习磁场基本知识、判断电流周围磁场的方向、磁场对通电导线作用力的方向;

并从电磁感应现象进一步研究电现象与磁现象的内在联系，其核心内容是确定感应电动势大小和感应电流方向的规律——法拉第电磁感应定律和楞次定律。本章难点是安培定则、左手定则、右手定则的具体应用；磁场、磁路及电磁感应中的基本概念；安培力及电磁感应的有关计算等。

三、学法指导

在学习本章知识时，主要通过演示实验和多媒体手段来学习电流的磁场、载流导体在磁场中受力、电磁感应现象等。在学习过程中应多观察、收集有关电与磁的知识。本章最大的特点是要求学生具有较强的抽象思维能力、逻辑推理能力和空间想象能力。

（一）磁场

（1）某些物体具有吸引铁、钴、镍等物质的性质称为磁性。具有磁性的物体称为磁体。磁体两端磁性最强，磁性最强的地方称为磁极。任何磁体都有一对磁极，一个称为南极，用 S 表示；另一个称为北极，用 N 表示。N 极和 S 极总是成对出现并且强度相等，不存在独立的 N 极和 S 极。磁体间同名磁极互相排斥，异名磁极互相吸引。

（2）通电导体周围的磁场方向，即磁感线方向与电流的关系可以用安培定则（也称为右手螺旋法则）来判断，要特别注意大拇指与四指所指的方向的意义。

（二）磁路的物理量

1. 磁通

通过与磁场方向垂直的某一截面上的磁感线的总数，称为通过该截面的磁通量，简称磁通，用字母 Φ 表示。在国际单位制中，磁通的单位为 Wb（韦）。

2. 磁感应强度

与磁场方向垂直的单位面积的磁通，称为磁感应强度，也称磁通密度，用字母 B 表示。在国际单位制中，磁感应强度的单位为 T（特）。

3. 磁导率

磁导率就是一个用来表示介质导磁性能的物理量，用字母 μ 表示，在国际单位制中，其单位为 H/m（亨/米）。不同的介质有不同的磁导率。

4. 磁场强度

磁场中某点的磁场强度等于该点的磁感应强度 B 与介质的磁导率 μ 的比值，在国际单位制中，其单位为 A/m（安/米）。

5. 磁路、主磁通和漏磁通

磁通所经过的路径称为磁路。全部在磁路内部闭合的磁通称为主磁通。部分经过磁路周围物质的闭合磁通称为漏磁通。

（三）磁场对通电导体作用力

在匀强磁场中，当通电导体与磁场方向垂直时（参见图 3-1），所受电磁力的大小与导体

中电流大小成正比，与导体在磁场中的有效长度及导体所在处的磁感应强度成正比，用公式表示为

$$F=BIl$$

在国际单位制中，F 的单位是 N(牛)；B 的单位是 T(特)；I 的单位是 A(安)；l 的单位是 m(米)。

通电导体在磁场中受到的电磁力的方向，可以用左手定则来判断：伸出左手，让大拇指与四指在同一平面内，大拇指与四指垂直，让磁感线垂直穿过手心，四指指向电流方向，则大拇指所指的方向就是磁场对通电导体的作用力方向。

当导体和磁感线方向成 θ 角时，如图 3-2 所示。电磁力的大小为

$$F=BIl\sin\theta$$

在国际单位制中，F 的单位是 N(牛)；B 的单位是 T(特)；I 的单位是 A(安)；l 的单位是 m(米)；θ 的单位是°(度)或 rad(弧度)。

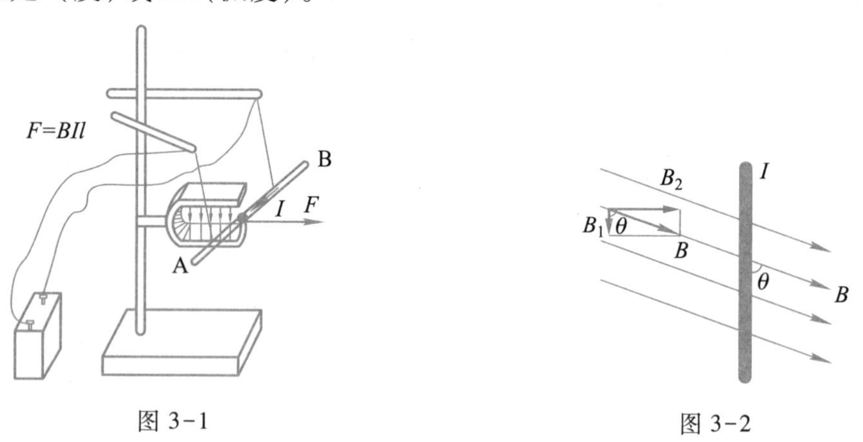

图 3-1　　图 3-2

需要指出的是，通电导体所受磁场力与导体与磁场的摆放位置有关。当导体与磁场垂直时，受力最大；当导体与磁场平行时，即使有电流通过，导体也不受磁场力的作用。

(四) 铁磁物质

1. 磁化

原来没有磁性的物体，在外磁场作用下产生磁性的现象称为磁化。

2. 分类

铁磁物质可分成三类：软磁物质、硬磁物质、矩磁物质。

(五) 电磁感应

1. 定义

不论用什么方法，只要穿过闭合回路的磁通发生变化，闭合回路就有电流产生。这种利用磁场产生电流的现象称为电磁感应现象，用电磁感应的方法产生的电流(电动势)称为感应电流(电动势)。

2. 导体切割磁感线

当导体切割磁感线时，导体中产生的感应电动势与导体切割运动速度、磁感应强度、导体

长度成正比。当导体运动方向与导体本身垂直，并且与磁感线方向也垂直时，导体切割磁感线产生的感应电动势大小为 $E=Blv$（只适用于 B、l、v 三者互相垂直的情况）。

3. 法拉第电磁感应定律

电路中感应电动势的大小，与穿过这一电路的磁通的变化率成正比。用公式表示为

$$E=\frac{\Delta\Phi}{\Delta t}$$

如果线圈的匝数为 N，则线圈的感应电动势为

$$E=N\frac{\Delta\Phi}{\Delta t}$$

应用法拉第电磁感应定律 $E=N\frac{\Delta\Phi}{\Delta t}$时，应注意以下几点：

（1）要严格区分磁通 Φ、磁通的变化量 $\Delta\Phi$、磁通的变化率$\frac{\Delta\Phi}{\Delta t}$。

（2）由 $E=N\frac{\Delta\Phi}{\Delta t}$算出的通常是时间 Δt 内的平均感应电动势，一般并不等于初态与末态的平均值。

4. 楞次定律

（1）内容　感应电流的方向，总是使感应电流的磁场阻碍引起感应电流的磁通的变化。

注意：学习楞次定律的关键是理解“阻碍”的含义。“阻碍”既不是“阻止”也不是“反向”，其目的是延缓磁通的变化，即当磁通增加时，感应电流的磁场方向与原来磁场方向相反，使得原磁通的增加变慢；当磁通减少时，感应电流的磁场方向与原来磁场方向相同，使得原磁通的减少变慢。

（2）实质　楞次定律的实质是“能量转化和守恒”，而楞次定律中的“阻碍”正是能量转化和守恒的具体体现。

5. 感应电流（电动势）方向判定

当闭合电路中的一部分导线作切割磁感线运动时，感应电流的方向可用右手定则来判断：伸开右手，使大拇指与其余四指垂直，并且都跟手掌在一个平面内，让磁感线垂直进入手心，大拇指指向导体运动方向，这时四指所指的方向就是感应电流的方向。

在产生感应电动势的导体（可看做电源的内电路）内电流由低电位到高电位，而外电路的电流由高电位到低电位。

6. 楞次定律与右手定则关系

楞次定律与右手定则是一般与特殊的关系，一切电磁感应现象都符合楞次定律，而右手定则只适用于单纯由于部分导体切割磁感线所产生的电磁感应现象。对于由磁感应强度随时间变化所产生的电磁感应现象，只能应用楞次定律进行分析；对于由切割磁感线所产生的电磁感应现象，既可应用右手定则判断，也可应用楞次定律判断，一般情况下，应用右手定则判断会方

便些。

如图 3-3 所示，线圈 abcd 放置在匀强磁场中，磁场方向如图所示，其中 cd 可以沿着滑轨运动。当 cd 沿着滑轨向右运动时，cd 做切割磁感线运动，闭合回路 abcd 中有感应电流产生。同时，也可以用第二种说法来说明这个问题。把 cd 边移到 c′d′位置时，线圈包围的面积增大了，由 $\Phi=BA$ 可知磁通增加了。由于穿过闭合回路的磁通发生变化，因此回路中有感应电流。由此可知，产生感应电流的两种说法是统一的，本质是相同的，所得结果也是完全一样的。

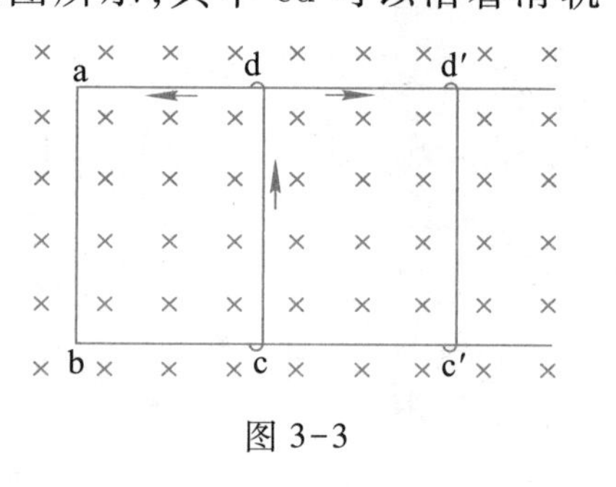

图 3-3

四、典型例题

例 3-1 如图 3-4 所示，在磁感应强度为 2 T 的匀强磁场中，有一条与磁场方向垂直的通电直导线，电流为 0.5 A，导线上长 10 cm 的一段所受的安培力有多大？确定安培力的方向。

分析：已知 $B=2$ T，$I=0.5$ A，$l=10$ cm $=0.1$ m，可根据安培力大小计算公式求出导体所受安培力大小。

解：(1) 因为是匀强磁场，且导线与磁场方向垂直，因此可以利用安培定律公式求安培力，即

$$F=BIl=2\times0.5\times0.1\ \text{N}=0.1\ \text{N}$$

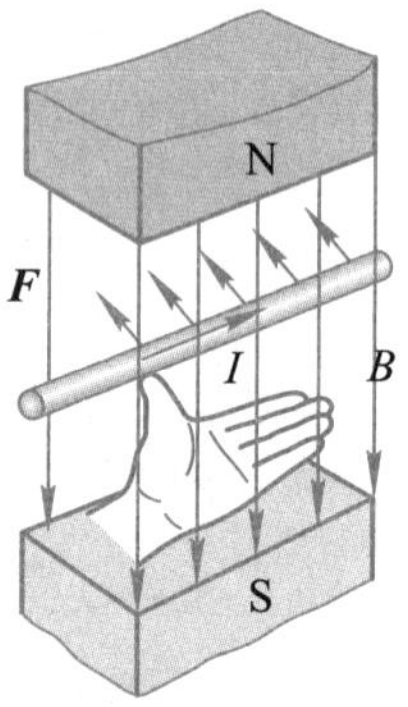

(2) 判断安培力 F 的方向(如图 3-4 所示)：伸开左手，使大拇指与四指在同一平面内并与四指垂直，让磁感线垂直穿入手心，使四指指向电流的方向，则大拇指所指的方向就是通电导线所受安培力的方向。

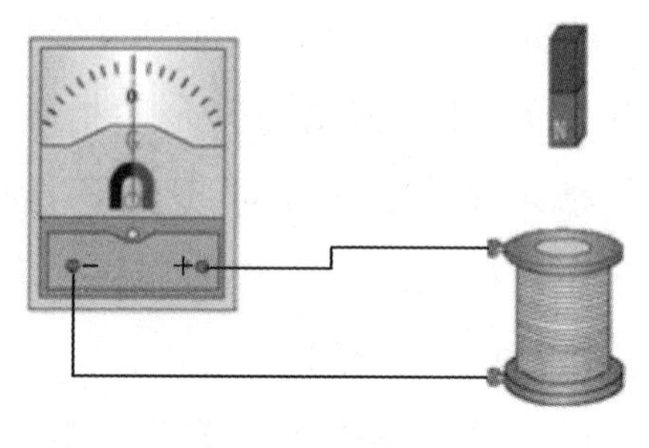

图 3-4

例 3-2 长 1 m 的直导线在 $B=2.2$ T 的匀强磁场中，以 100 m/s 的速度与磁场垂直方向做切割磁感线运动，导线中产生的感应电动势多大？

分析：由导体切割磁感线产生感应电动势的计算公式 $E=Blv$ 可计算出导线中产生的感应电动势。

解：导线中产生的感应电动势 $E=Blv=2.2\times1\times100\ \text{V}=220\ \text{V}$

例 3-3 如图 3-5 所示，线圈匝数为 200，将磁铁的一极在 0.2 s 内插入螺线管，在这段时间里线圈的磁通由 0 增加至 1.5×10^{-5} Wb。(1) 螺线管两端产生的感应电动势有多大？(2) 如果线圈和电流表的总电阻是 3 Ω，则感应电流有多大？

图 3-5

分析：已知线圈匝数、磁通变化量和变化时间，根据法拉第电磁感应定律计算公式便可求出感应电动势大小；计算出线圈产生的感应电动势后，根据欧姆定律可求出回路的感应电流

大小。

解:(1) 磁通从 0 增加至 1.5×10^{-5} Wb,共用时0.2 s,所以

$$\Delta\Phi=(1.5\times10^{-5}-0)\ \text{Wb}=1.5\times10^{-5}\ \text{Wb}$$

$$\Delta t=0.2\ \text{s}$$

根据感应电动势计算公式,线圈两端产生的感应电动势为

$$E=N\frac{\Delta\Phi}{\Delta t}=200\times\frac{1.5\times10^{-5}}{0.2}\ \text{V}=1.5\times10^{-2}\ \text{V}$$

(2) 回路中电流表和线圈的总电阻 $R+R_i=3\ \Omega$,所以回路中的感应电流是

$$I=\frac{E}{R+R_i}=\frac{1.5\times10^{-2}}{3}\ \text{A}=5\ \text{mA}$$

训练题

一、想一想(正确的打"√",错的打"×")

1. 磁体都有 N、S 两个磁极,当把一段磁体弄成两段时,一段为 N,另一段为 S。 ( )

2. 磁感线的方向总是由 N 极指向 S 极。 ( )

3. 通电导体在磁场中一定受力。 ( )

4. 磁路是磁通流过的路径。 ( )

5. 磁性材料可分为软磁、硬磁和矩磁材料 3 种。 ( )

6. 因导体切割磁感线要产生感应电动势,故一定会产生感应电流。 ( )

7. 楞次定律只适用于线圈磁通发生变化产生感应电动势方向的判断而不适用于导体切割磁感线产生感应电动势方向的判断。 ( )

8. 匀强磁场的磁感线是疏密均匀、方向一致的平行线。 ( )

9. 软磁材料的特点是比较容易磁化,撤去外磁场则磁性也容易消失。 ( )

10. 长江三峡水利枢纽工程是世界上最大的水利工程,其水能发电机便是电磁感应原理的应用。 ( )

二、选一选(每小题只有一个正确答案)

1. 关于磁场方向正确说法是( )。

A. 磁场没有方向

B. 磁场方向就是 N 极指向 S 极的方向

C. 磁场的方向就是磁感线的方向

D. 置于磁场中的小磁针静止时 N 极所指的方向是磁场在该点的方向

2. 通电导体产生磁场的方向应采用(　　)来判断。

A. 左手定则　　B. 右手定则　　C. 楞次定律　　D. 安培定则

3. 通电导体在磁场中的受力方向应采用(　　)判断。

A. 左手定则　　B. 右手定则　　C. 楞次定律　　D. 安培定则

4. 下列描述磁场的物理量中用于描述物体导磁性能好坏的物理量是(　　)。

A. 磁感应强度　　B. 磁通　　C. 磁导率　　D. 磁场强度

5. 导体切割磁感线产生感应电动势的方向应采用(　　)来判断。

A. 安培定则　　B. 右手定则　　C. 左手定则　　D. 法拉第电磁感应定律

6. 法拉第电磁感应定律说明感应电动势大小与(　　)成正比。

A. 磁通　　B. 磁通变化率　　C. 磁通变化量　　D. 磁场强度

7. 若通电直导体在匀强磁场中受到的磁场力为最大,则通电直导体与磁感线的夹角为(　　)。

A. 0°　　B. 30°　　C. 60°　　D. 90°

8. 匝数为1 000的线圈在1 s内磁通由0.1×10^{-6} Wb增加到0.5×10^{-6} Wb,则该线圈两端产生的感应电动势大小为(　　)。

A. 0.4 mV　　B. 0.4×10^{-9} V　　C. 0.5×10^{-3} V　　D. 0.4 V

三、填一填

1. 物体具有吸引铁、钴、镍等物质的性质,这种性质称为________,具有________的物体称为磁体;磁体两端磁性最强的地方称为________。

2. 一根与磁场垂直的通电导体会受到________力的作用,其大小为________。

3. 在磁场的某一区域里,若各点的磁感应强度的大小和方向都相同,则称这个区域里的磁场为________。

4. 原来没有磁性,在外磁场作用下产生磁性的现象称为________。

5. 铁磁物质可分成________、________、________3类。磁化后容易去掉磁性的物质称为__________物质,不容易去磁的物质称为__________物质。

6. 不论用什么方法,只要穿过闭合回路的磁通发生变化,闭合回路就有电流产生,这种利用磁场产生电流的现象称为________。

7. 导体切割磁感线,导体中产生的感应电动势大小为________;线圈中磁通发生变化,电路中感应电动势的大小为________。

8. 感应电流的方向,总是使感应电流的磁场阻碍引起感应电流的磁通的变化,这就是________定律。

9. 磁体间的相互作用是通过磁体周围的特殊物质——________来传递的。

10. 法拉第电磁感应定律表明:电磁感应现象产生的感应电动势的大小跟线圈匝数 N

成________，跟穿过该回路的磁通变化率成________。

四、比一比，画一画

1. 如图 3-6 所示，试判断线圈的电流方向。

(a) (b)

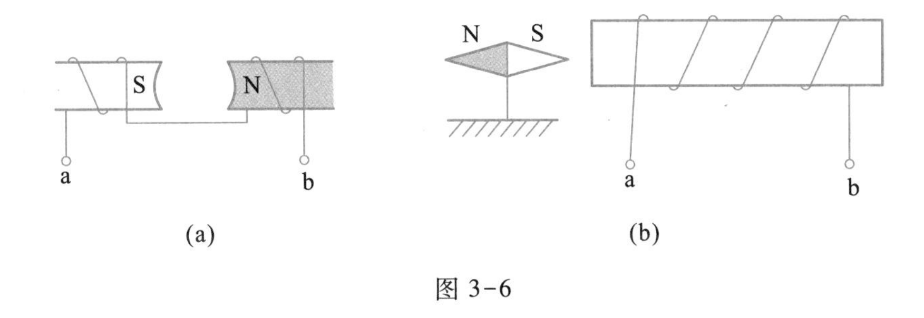

图 3-6

2. 如图 3-7 所示，试判断通电导体的受力方向并标注在图中。

(a) (b) (c) (d)

(e) (f) (g) (h)

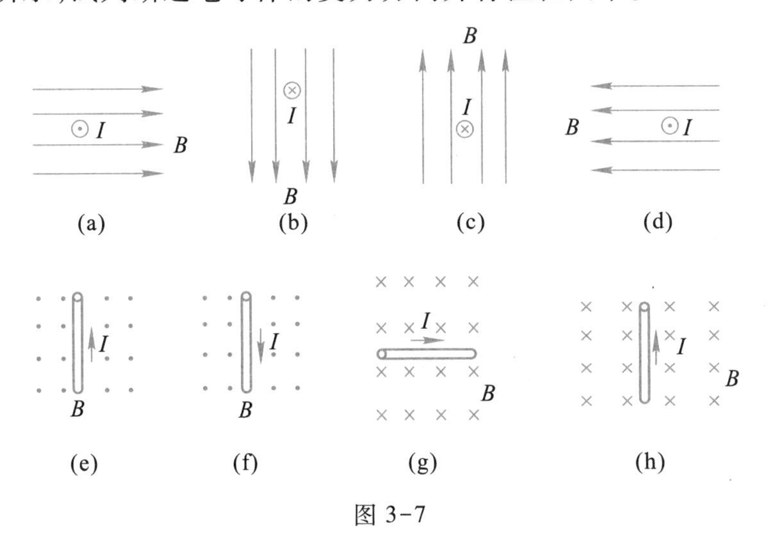

图 3-7

3. 如图 3-8 所示，请在图中标明感应电动势极性。

(a) (b)

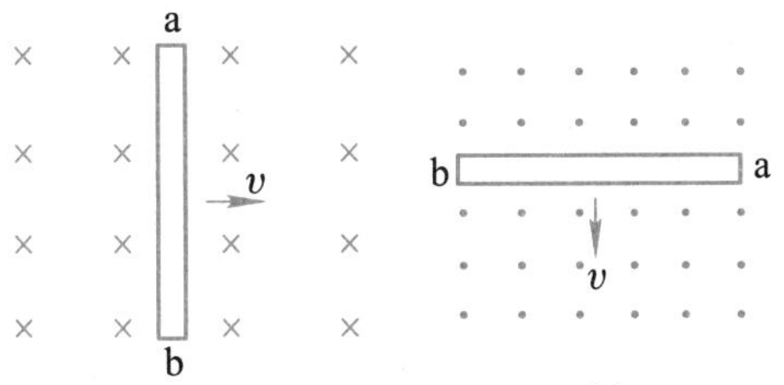

图 3-8

五、分析与计算

1. 把 10 cm 长的通电直导线放入匀强磁场中，导线的电流是 2 A，磁场的磁感应强度是 1.2 T，求电流方向与磁场方向垂直时导线所受的磁场力。

2. 某螺线管匝数为 1 000 匝，将磁铁的一极在 0.01 s 内插入螺线管，在这段时间里螺线管的磁通由 0 增加至 1.5×10^{-5} Wb。(1) 螺线管两端产生的感应电动势有多大？(2) 如果螺线管和电流表的总电阻是 5 Ω，则感应电流有多大？

六、议一议

话筒与扬声器的工作原理是一致的吗？

生活中常见的话筒可把声音信号转换成电信号，而扬声器恰好相反，是把电信号还原成声音信号。那话筒与扬声器的工作原理是一致的吗？请利用手机或计算机上网查找话筒与扬声器的构成、工作原理，形成调查分析报告，并在班级内分享。

自测题

一、判断题（正确的打“√”，错的打“×”）

1. 1820 年丹麦物理学家奥斯特做实验时发现了电流磁效应。（ ）
2. 磁场强度和磁感应强度是描述磁场大小的同一物理量。（ ）
3. 通电导线在磁场中，当受力 F 与磁感应强度 B、电流 I 三者相互垂直时受力最大。（ ）
4. 地球是一个天然磁体，地理位置的南北极与地磁南北极相同。（ ）
5. 通电导线在匀强磁场中一定受到安培力的作用。（ ）
6. 通电直导线在磁场中受到的安培力方向与磁场方向平行。（ ）
7. 线圈中只要有磁场存在，就必定产生电磁感应现象。（ ）
8. 法拉第电磁感应定律用公式表示为 $e=N\dfrac{\Delta\Phi}{\Delta t}$。（ ）
9. 线圈中感应电动势的大小与线圈中的磁通变化量成正比。（ ）
10. 感应电流产生的方向总是与原电流方向相反。（ ）
11. 楞次定律既可用于判断感应电流方向，也可计算感应电流大小。（ ）
12. 电流方向相同而又靠得很近的两根载流直导体之间的作用力是相互吸引。（ ）

二、选择题（只有一个正确答案）

1. 左手定则可以判断通电导体在磁场中的（ ）。

A. 感应电动势方向　B. 受力大小　C. 感应电流方向　D. 受力方向

2. 在图 3-9 中标出了磁场 B 的方向、通电直导线中电流 I 的方向以及通电直导线所受磁场力 F 的方向，其中正确的是（ ）。

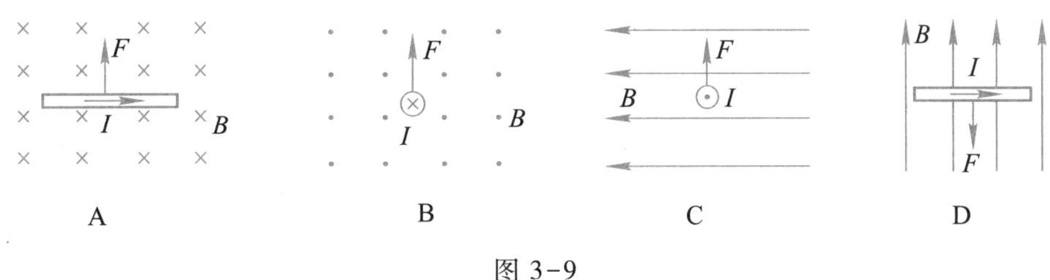

图 3-9

3. 形象地描述磁体磁场的磁感线是(　　)。

A. 起于 S 极止于 N 极　　B. 起于 N 极止于 S 极

C. 真实存在　　D. 互不相交的闭合曲线

4. 变压器铁心采用的是(　　)。

A. 软磁物质　　B. 硬磁物质　　C. 矩磁物质　　D. 逆磁物质

5. 磁感应强度为 5 T 的匀强磁场中,有一根与磁感线垂直、长 0.2 m 的直导线,以 4 m/s 的速度在与磁感线和直导线都垂直的方向上做切割磁感线的运动,则导线中产生的感应电动势的大小等于(　　)。

A. 0.04 V　　B. 0.4 V　　C. 1 V　　D. 4 V

6. 匝数为 100 匝的线圈在 0.1 s 内磁通由 0.1×10^{-6} Wb 增加到 0.5×10^{-6} Wb,则该线圈两端产生的感应电动势的大小为(　　)。

A. 0.4 V　　B. 0.5×10^{-3} V　　C. 0.4 mV　　D. 0.4×10^{-9} V

7. 发电的基本原理之一是电磁感应,发现电磁感应现象的科学家是(　　)。

A. 瓦特　　B. 法拉第　　C. 赫兹　　D. 楞次

8. 电磁感应现象揭示了电和磁之间的内在联系,根据这一发现,发明了许多电气设备;在下列电气设备中(　　)利用电磁感应原理工作。

A.计算机　　B. 发电机　　C. MP3　　D. 白炽灯

三、填空题

1. 磁场和电场一样,也有方向性。人们规定:放在磁场中某一点的一个可以自由转动的小磁针,当它静止时________极所指的方向就是该点处磁场的方向。

2. 磁路是________通过的路径。

3. 安培定则:用右手握住导线,让伸直的大拇指所指的方向跟电流的方向一致,则弯曲的四指所指的方向就是__________。

4. 全部在磁路内部闭合的磁通称为________;部分经过磁路周围物质的闭合磁通称为________。

5. 在图 3-10 中,电流通过导线时,导线下面的磁针 N 极指向读者,则导线中电流的方向为____________。

6. 图 3-11 磁场中悬挂一根导体 AB，把它的两端跟电流表连接起来，合上开关，让导体 AB 在磁场中左右运动，你会观察到电流表的指针发生偏转，说明有电流产生，这种现象称为__________，在这种现象中________能转化为________能。

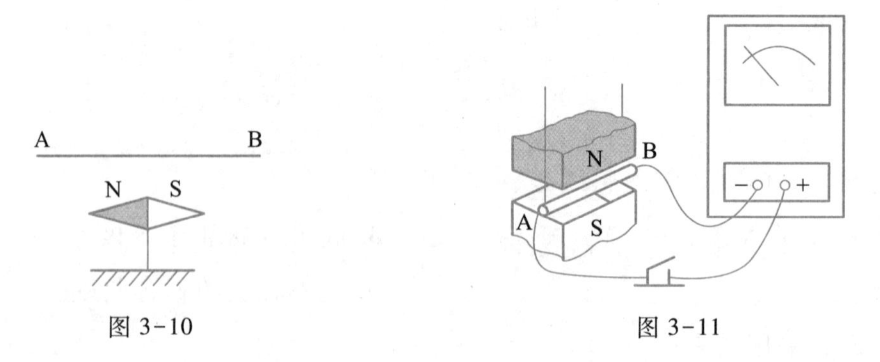

图 3-10　　图 3-11

7. 如果导体不是闭合的，即使导体在磁场里做切割磁感线运动也不会产生感应电流，只在导体的两端产生__________。

8. 两根靠得很近且电流方向相反的平行载流导体相互之间的作用力是________。

四、分析与计算

1. 判断图 3-12 中通电导体所受安培力的方向。

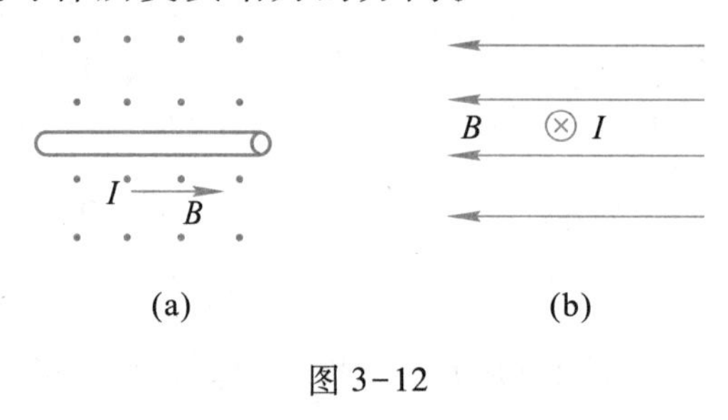

图 3-12

2. 判断图 3-13 中线圈的磁极极性或线圈电流的方向。

3. 图 3-14 中导体 AB 以 v 的速度向左运动，判断线框中有无感应电流。如果有，请标明方向。

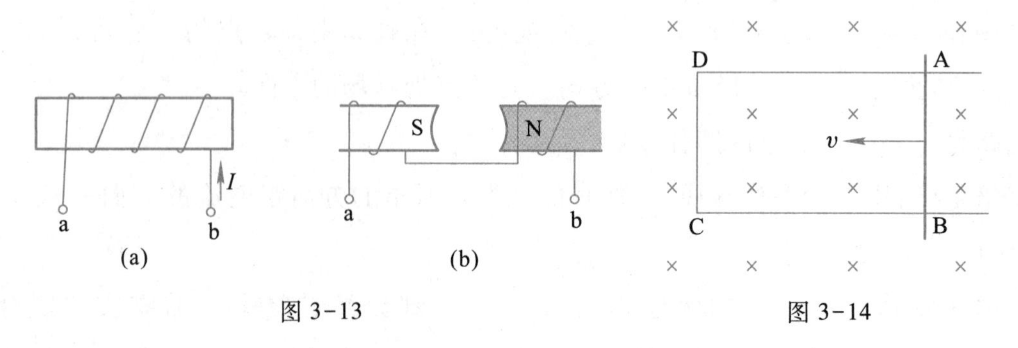

图 3-13　　图 3-14

4. 在磁感应强度为 0.5 T 的匀强磁场中，有一条与磁场方向垂直的通电直导线，电流为

2 A,导线上长 1 m 的一段所受的安培力多大?

5. 长 0.1 m 的直导线在 $B=1$ T 的匀强磁场中,以 10 m/s 的速度垂直于 B 的方向运动,导线中产生的感应电动势多大?

第 4 章

单相正弦交流电路

学习目标

了解实训室工频电源;了解交流电压表、交流电流表等仪器仪表;了解试电笔的构造,掌握其使用方法。

了解正弦交流电的产生过程,掌握交流电波形图,掌握频率、角频率、周期的概念及其关系;掌握最大值、有效值的概念及其关系;了解初相与相位差的概念,会进行同频率正弦量相位的比较;了解正弦量的矢量表示法,能进行正弦量解析式、波形图、矢量图的相互转换。

理解电阻元件的电压与电流的关系,了解其有功功率;理解电感元件的电压与电流的关系,了解其感抗、有功功率和无功功率;理解电容元件的电压与电流的关系,了解其容抗、有功功率和无功功率。

理解 *RL* 串联电路的阻抗概念,了解电压三角形、阻抗三角形的应用。

理解电路有功功率、无功功率和视在功率的概念;理解功率三角形和电路的功率因数,了解功率因数的意义;了解提高功率因数的方法;了解提高电路功率因数在实际生活中的意义。

了解照明电路配电板的组成,并能安装照明电路配电板,会进行单相电能表接线。

重难点分析

一、知识框架

- 单相正弦交流电路
  - 实训室认识
    - 电工实训室电源认识
    - 常用电工仪表及试电笔的使用
  - 正弦交流电路的基本物理量
    - 交流电的基本概念
    - 交流电的基本物理量
      - 周期、频率、角频率
      - 有效值、最大值
      - 相位、初相、相位差

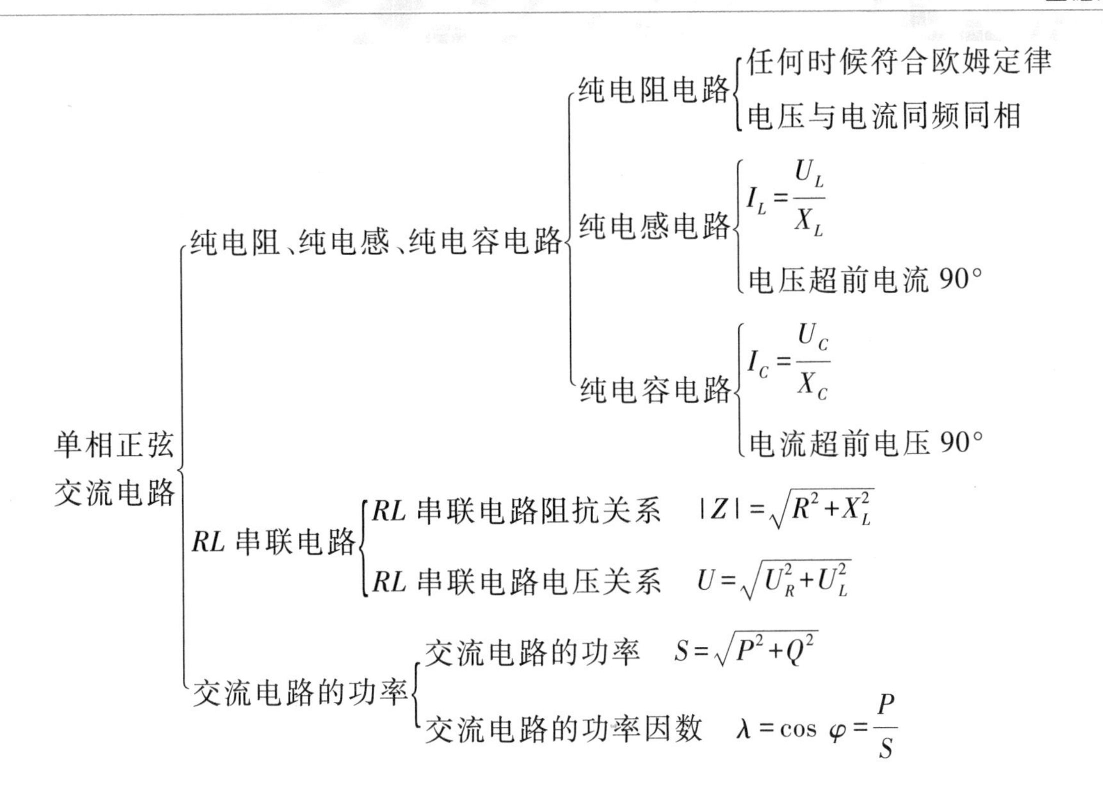

二、重点、难点

本章着重学习正弦交流电路的基本概念、基本物理量及正弦交流电的表示方法；纯电阻、纯电容、纯电感电路及 *RL* 串联电路；正弦交流电路的功率及功率因数等。本章难点是正弦交流电的产生过程、正弦交流电路电压与电流间相位关系的分析过程；*RL* 串联电路的分析方法；正弦交流电路的功率计算及功率因数的提高等。

三、学法指导

在学习本章知识时，主要通过参观实训室来了解工频电源、认识常用电工仪表和学会试电笔的使用；通过多媒体手段来学习正弦交流电的产生过程；通过实验来学习、理解交流电的各物理量及相互间关系，纯电阻、纯电感、纯电容以及由电阻、电感所构成的串联电路的电压、电流间的关系及交流电路的功率；通过实训学会家用配电板的安装。在学习过程中要多观察、勤思考、多动手，在做中学，在学中做。

（一）实训室认识

1. 电工实训室电源的认识

电工与电子实训室都有电源。这个电源是频率为 50 Hz、有效值为 220 V 的单相正弦交流电，简称交流电。

2. 常用电工仪表及试电笔使用

交流电压表是用来测量交流电压的专用仪表；交流电流表是用来测量交流电流的专用仪表；兆欧表又称摇表、迈格表、高阻计、绝缘电阻表等，是一种测量电动机、电缆等电气设备绝缘性能的仪表;钳形电流表是一种在不断开电路的情况下就能测量交流电流的专用仪表;单相调压器是一个输出电压可以调节的调压变压器,也称为自耦变压器;单相电能表又称电度表,是用于计量电能的计量装置;试电笔也称验电笔、测电笔是用来测试导线、开关、插座等电器及电气设备是否带电的工具。

(二) 正弦交流电的基本物理量

1. 直流电和交流电

电流大小和方向都不随时间变化,称为直流电。电流的大小和方向都随时间做周期性变化,且在一个周期内平均值为零,这样的电流(或电压、电动势)统称为交流电。

2. 正弦交流电的特征

一个正弦交流电具有三方面的特征:强弱、变化快慢和初始状态。能够描述这三方面特征的物理量构成正弦交流电的三要素。这其中涉及的物理量及相互关系见表 4-1。

表 4-1

正弦交流电的特征	描述特征的物理量	相互关系
强弱	最大值、有效值	有效值=最大值/$\sqrt{2}$
变化快慢	周期 T,单位 s(秒) 频率 f,单位 Hz(赫) 角频率 ω,单位 rad/s(弧度/秒)	$f=\frac{1}{T}$ 或 $T=\frac{1}{f}$ $\omega=2\pi f$
初始状态	初相 φ_0,单位 rad(弧度)	初相是指 $t=0$ 时的相位

其中,需要注意的是:(1)有效值是一个在热等效基础之上定义的重要的概念,交流电的强弱通常就用有效值来表示,实训室常用交流电流表、交流电压表所测数值便是正弦交流电的有效值,同时家用电器铭牌上标注的额定电压值也是指有效值;(2)正弦交流电初相取值范围通常规定为$-\pi\leqslant\varphi_0\leqslant\pi$。

3. 相位差

两个正弦交流电的相位之差称为它们的相位差,用 φ 表示,单位是 rad(弧度)或°(度)。如果它们的频率相同,相位差就等于初相之差,即

$$\varphi=(\omega t+\varphi_{01})-(\omega t+\varphi_{02})=\varphi_{01}-\varphi_{02}$$

两个频率相同的正弦交流电,如果它们的相位差为零,就称两个交流电同相,它们的变化步调一致。

两个频率相同的正弦交流电,如果它们的相位差为 180°,就称两个交流电反相,它们的变化步调正好相反。

4. 正弦交流电三要素

正弦交流电的有效值(或最大值)、频率(或周期或角频率)、初相称为正弦交流电的三要素。任何正弦量都有三要素。

5. 正弦交流电的表示法

正弦交流电的表示法有：解析式表示法、波形图表示法、旋转矢量表示法和复数表示法4种。其中，解析式与波形图是两种最直接的表示方法；矢量（也称为相量）图则是一种间接表示方法，常用于直观体现交流电的相位关系以及进行同类正弦量的加减运算；而复数表示法则较复杂，在这里不讲述。

（1）解析式表示法　电压、电流、电动势的解析式分别为

$$u=U_{\mathrm{m}}\sin(\omega t+\varphi_{u0})$$

$$i=I_{\mathrm{m}}\sin(\omega t+\varphi_{i0})$$

$$e=E_{\mathrm{m}}\sin(\omega t+\varphi_{e0})$$

（2）波形图表示法　交流电（电动势、电压、电流）的波形图如图4-1所示。

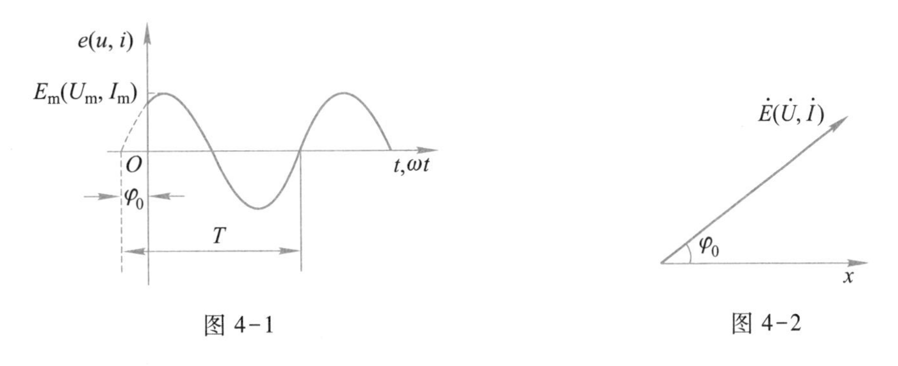

图4-1　　图4-2

（3）矢量图表示法　交流电（电动势、电压、电流）的矢量图如图4-2所示。

（三）纯电阻、纯电感、纯电容电路

1. 纯电阻电路

纯电阻电路中电压、电流与电阻三者任意时刻都符合欧姆定律。

（1）电压与电流关系　在纯电阻电路中若 $u_R=U_{R\mathrm{m}}\sin\ \omega t$ V，则 $i_R=I_{R\mathrm{m}}\sin\ \omega t$ A；电阻中电压与电流同频同相；其波形图与矢量图如图4-3所示。

$$I_{R\mathrm{m}}=\frac{U_{R\mathrm{m}}}{R}$$

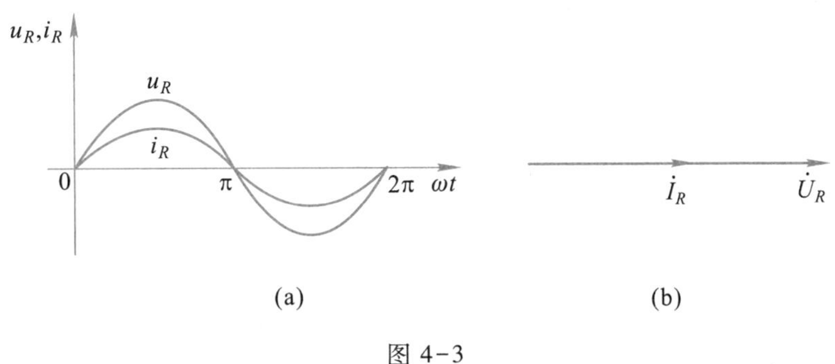

(a)　　(b)

图4-3

（2）功率　纯电阻电路的功率：$P=U_RI_R$。

2. 纯电感电路

(1) 感抗　把电感器对交流电的阻碍作用用电感电抗(简称感抗)表示,感抗的文字符号是 X_L。

$$X_L=\omega L=2\pi fL$$

在国际单位制中,X_L 的单位是 Ω(欧);f 的单位是 Hz(赫);ω 的单位是 rad/s(弧度/秒);L 的单位是 H(亨)。

(2) 电压与电流关系　纯电感电路中若 $u_L=U_{Lm}\sin\ \omega t$ V,则 $i_L=I_{Lm}\sin\ (\omega t-90°)$ A。电压超前电流 90°(或者说电流滞后电压 90°);其波形图与矢量图如图 4-4 所示。

$$I_{Lm}=\frac{U_{Lm}}{X_L}$$

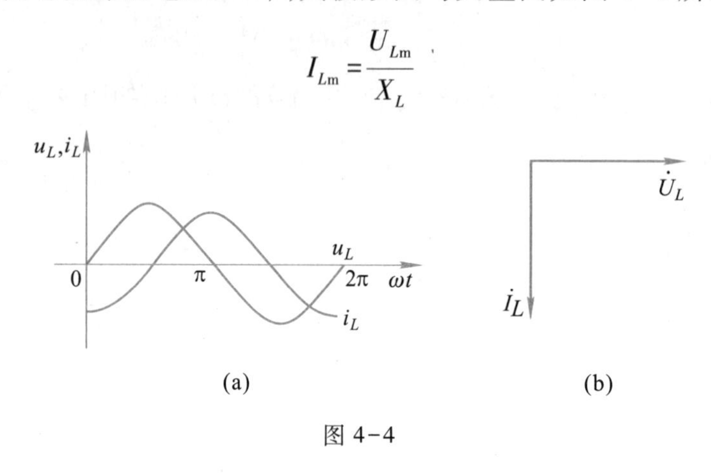

图 4-4

(3) 功率　单位时间内能量转换的最大值(即瞬时功率的最大值)称为无功功率,用符号 Q_L表示。用公式表示为

$$Q_L=U_LI_L$$

在国际单位制中,Q_L的单位是 var(乏);U_L的单位是 V(伏);I_L的单位是 A(安);X_L的单位是 Ω(欧)。

纯电感电路不消耗电能,电感器是储能元件,其有功功率 $P=0$ W。

3. 纯电容电路

(1) 容抗　把电容器对交流电的阻碍作用用电容电抗(简称容抗)表示,容抗的文字符号是 X_C。

$$X_C=\frac{1}{\omega C}=\frac{1}{2\pi fC}$$

在国际单位制中,X_C 的单位是 Ω(欧);f 的单位是 Hz(赫);ω 的单位是 rad/s(弧度/秒);C 的单位是 F(法)。

(2) 电压与电流关系　纯电容电路中若 $u_C=U_{Cm}\sin\ \omega t$ V,则 $i_C=I_{Cm}\sin\ (\omega t+90°)$ A。电压滞后电流 90°(或者说电流超前电压 90°);其波形图与矢量图如图 4-5 所示。

$$I_{Cm}=\frac{U_{Cm}}{X_C}$$

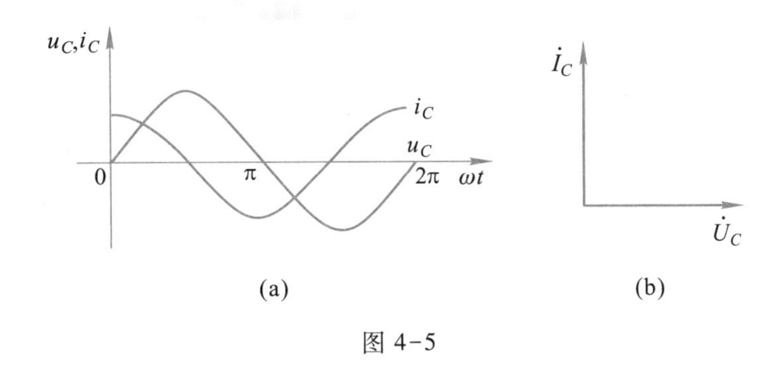

图 4-5

（3）功率　单位时间内能量转换的最大值（即瞬时功率的最大值）称为无功功率，用符号 Q_C 表示。用公式表示为

$$Q_C = U_C I_C$$

在国际单位制中，Q_C 的单位是 var（乏）；U_C 的单位是 V（伏）；I_C 的单位是 A（安）；X_C 的单位是 Ω（欧）。

同纯电感电路一样，纯电容电路也不消耗电能，电容器也是储能元件，其有功功率 $P=0$ W。

（四）RL 串联电路

1. RL 串联电路阻抗

RL 串联电路对交流电的阻碍作用用阻抗 $|Z|$ 表示。用公式表示为

$$|Z| = \frac{U}{I}$$

在国际单位制中，$|Z|$ 的单位是 Ω（欧）；U 的单位是 V（伏）；I 的单位是 A（安）。

2. RL 串联电路电压间关系

（1）电压三角形　在 RL 串联交流电路中，电源两端电压 U、电阻两端电压 U_R 和电感两端电压 U_L 三者之间电压满足电压三角形关系。图 4-6 所示为 RL 串联电路的电压、电流矢量图。图 4-7 所示为 RL 串联电路的电压三角形和阻抗三角形。

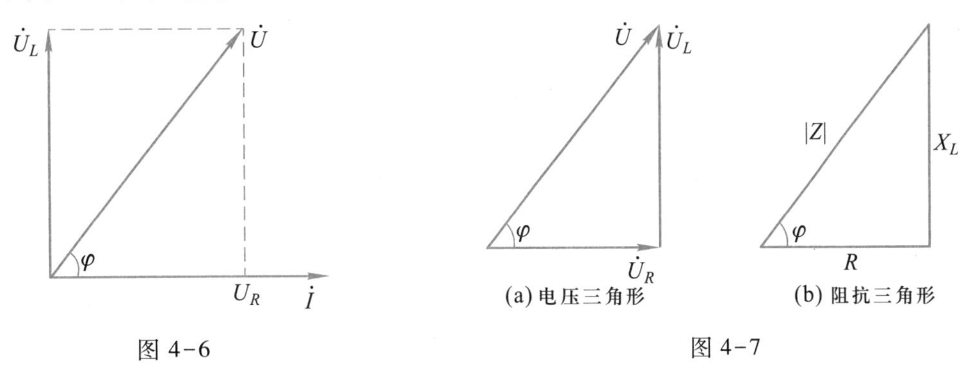

图 4-6　　图 4-7

RL 串联电路总电压为电阻、电感两端电压的矢量和，即

$$\dot{U} = \dot{U}_R + \dot{U}_L$$

其大小为 $U=\sqrt{U_R^2+U_L^2}$，电压与电流相位差为 $\varphi=\arctan\left(\frac{U_L}{U_R}\right)$（即电压超前电流一个 φ 角）。

（2）阻抗三角形　RL 串联电路中，总阻抗、电阻、感抗三者间满足阻抗三角形关系。根据阻抗三角形有

$$|Z|=\sqrt{R^2+X_L^2},\varphi=\arctan\left(\frac{X_L}{R}\right)$$

（五）交流电路的功率

1. 交流电路的功率

视在功率等于总电压的有效值和总电流的有效值的乘积，在国际单位制中，其单位为 V·A（伏·安），常用的单位还有 kV·A（千伏·安）和 MV·A（兆伏·安）。

$$1\ \mathrm{MV\cdot A}=10^3\,\mathrm{kV\cdot A}=10^6\ \mathrm{V\cdot A}$$

交流电路的视在功率　$S=\sqrt{P^2+Q^2}$

交流电路的有功功率为　$P=UI\cos\varphi$

交流电路的无功功率为　$Q=UI\sin\varphi$

2. 功率因数

（1）定义　电路的有功功率与视在功率的比值称为功率因数，用 λ 表示。

$$\lambda=\cos\varphi=\frac{P}{S}$$

（2）提高功率因数的意义　提高供电设备的利用率；减少在电源设备及输电线路上的电压降和功率损耗。

（3）提高功率因数的方法　在电感性负载两端并联一容量适当的电容器。需要指出的是，纯电阻电路功率因数为 1，纯电感、纯电容电路的功率因数为 0。

四、典型例题

例 4-1　加在某元件两端的正弦交流电压的初相为 45°，通过这个元件的正弦交流电流的初相为 -30°，比较正弦交流电压、电流的相位差。

分析：加在同一元件的正弦交流电压、电流一定是同频率的正弦交流电。因此，它们的相位差是它们的初相之差。

解：$\Delta\varphi=\varphi_{u0}-\varphi_{i0}=45°-(-30°)=75°$

因此，交流电压超前电流 75°。

例 4-2　已知某正弦交流电动势 $e=311\sin(100\pi t-60°)$ V，求这个交流电动势的最大值、有效值、频率、周期、角频率和初相。

分析：已知正弦交流电动势的解析式，只需对号入座，就能求出正弦交流电的三要素。

解：最大值 $E_{\mathrm{m}}=311$ V

有效值 $E=\frac{E_m}{\sqrt{2}}=\frac{311}{\sqrt{2}}\ \text{V}\approx 220\ \text{V}$

角频率 $\omega=100\pi\ \text{rad/s}$

频率 $f=\frac{\omega}{2\pi}=\frac{100\pi}{2\pi}\ \text{Hz}=50\ \text{Hz}$

周期 $T=\frac{1}{f}=\frac{1}{50}\ \text{s}=0.02\ \text{s}$

初相 $\varphi_0=-60°$

例 4-3 已知某正弦交流电流的有效值为 10 A,频率为 50 Hz,初相为$\frac{\pi}{6}$,写出正弦交流电流的解析式。

分析:已知正弦交流电流的三要素,就能写出正弦交流电流的解析式。

解:最大值 $I_m=\sqrt{2}I=10\sqrt{2}\ \text{A}$

角频率 $\omega=2\pi f=2\pi\times 50\ \text{rad/s}\approx 314\ \text{rad/s}$

因此,正弦交流电流的解析式为 $i=10\sqrt{2}\sin\left(314t+\frac{\pi}{6}\right)\ \text{A}$

例 4-4 已知正弦交流电压 $u=220\sqrt{2}\sin(\omega t+30°)\ \text{V}$,正弦交流电流 $i=20\sin(\omega t+120°)\ \text{A}$,画出它们的矢量图。

分析:在同一坐标上画不同的物理量矢量图,关键是要画准矢量与水平方向的夹角,矢量的长度因表示不同物理量,没有可比性,示意即可。

解:画矢量图的步骤如下:

(1) 画出水平方向的参考矢量即 x 轴。

(2) 画出与水平方向成 30°的有向线段,标上$\dot{U}$,标注角度 30°。

(3) 画出与水平方向成 120°的有向线段,标上$\dot{I}$,标注角度 120°。

所作矢量图如图 4-8 所示。

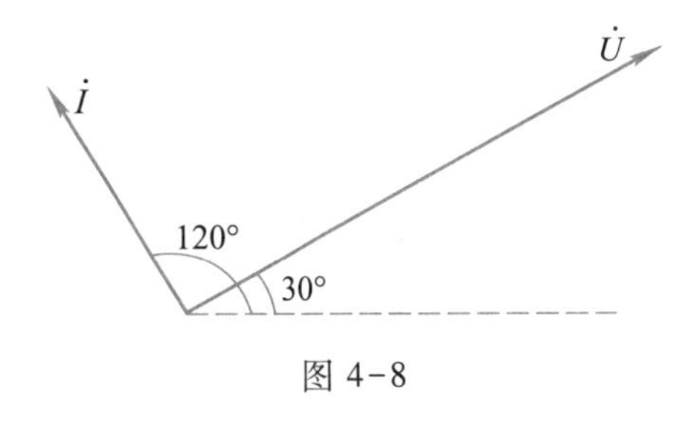

图 4-8

例 4-5 将一阻值为 1 210 Ω 的用电器接到电压为 $u=220\sqrt{2}\sin(314t+30°)\ \text{V}$ 的电源上,求:(1) 通过用电器的电流并写出电流解析式;(2) 用电器消耗的功率。

分析:从电压解析式中先读出电压的有效值和初相,再根据欧姆定律和有功功率的计算式求出电流和有功功率。

解:由 $u=220\sqrt{2}\sin(314t+30°)\ \text{V}$ 可知:

电源电压有效值 $U=220\ \text{V}$

初相 $\varphi_{u0}=30°$

(1) 通过用电器的电流有效值 $I=\frac{U}{R}=\frac{220}{1\ 210}\ \text{A}\approx0.182\ \text{A}$

由于用电器为纯电阻,因此电流与电压的初相相同,即 $\varphi_{i0}=\varphi_{u0}=30°$

电流的解析式 $i=0.182\sqrt{2}\sin(314t+30°)\ \text{A}$

(2) 用电器消耗的功率 $P=UI=220\times\frac{220}{1\ 210}\ \text{W}=40\ \text{W}$

例 4-6 一个电感量为 318.5 mH 的纯电感线圈接到 $u=311\sin(314t+45°)\ \text{V}$ 电源上,求:(1) 流过线圈的电流;(2) 电路的无功功率。

分析:从电压解析式中先读出电压的有效值、角频率,再根据感抗、欧姆定律和无功功率的计算公式求出电流和无功功率。

解:由 $u=311\sin(314t+45°)\ \text{V}$ 可知:

电感两端电压有效值 $U_L=\frac{311}{\sqrt{2}}\ \text{V}\approx220\ \text{V}$

角频率 $\omega=314\ \text{rad/s}$

(1) 线圈的感抗 $X_L=\omega L=314\times318.5\times10^{-3}\ \Omega\approx100\ \Omega$

通过线圈的电流 $I_L=\frac{U_L}{X_L}=\frac{220}{100}\ \text{A}=2.2\ \text{A}$

(2) 电路的无功功率 $Q_L=U_LI_L=220\times2.2\ \text{var}=484\ \text{var}$

例 4-7 一个电容量为 31.85 μF 的纯电容接到 $u=311\sin(314t-45°)\ \text{V}$ 的电源上,求:(1) 流过电容的电流;(2) 电路的无功功率。

分析:从电压解析式中先读出电压的有效值、角频率,再根据容抗、欧姆定律和无功功率的计算公式求出电流和无功功率。

解:由 $u=311\sin(314t-45°)\ \text{V}$ 可知:

电容两端电压有效值 $U_C=\frac{311}{\sqrt{2}}\ \text{V}\approx220\ \text{V}$

角频率 $\omega=314\ \text{rad/s}$

(1) 电容器的容抗 $X_C=\frac{1}{\omega C}=\frac{1}{314\times31.85\times10^{-6}}\ \Omega\approx100\ \Omega$

通过电容器的电流 $I_C=\frac{U_C}{X_C}=\frac{220}{100}\ \text{A}=2.2\ \text{A}$

(2) 电路的无功功率 $Q_C=U_CI_C=220\times2.2\ \text{var}=484\ \text{var}$

例 4-8 在 RL 串联电路中,已知 $R=30\ \Omega$,$L=127.4\ \text{mH}$,电路两端电压为 $u=220\sqrt{2}\sin 314t\ \text{V}$。求:(1) 电路阻抗;(2) 电流有效值;(3) 各元件两端电压有效值;(4) 电路的有功功率、无功功率和

视在功率;(5) 功率因数。

分析:从电压解析式中先读出电压的有效值、角频率,求出感抗,再根据欧姆定律和功率的计算式求出相关量。

解:由 $u=220\sqrt{2}\sin 314t$ V 可知:

电源电压有效值 $U=220$ V

角频率 $\omega=314$ rad/s

(1) 线圈的感抗 $X_L=\omega L=314\times127.4\times10^{-3}\ \Omega\approx40\ \Omega$

电路的阻抗 $|Z|=\sqrt{R^2+X_L^2}=\sqrt{30^2+40^2}\ \Omega=50\ \Omega$

(2) 电流的有效值 $I=\dfrac{U}{|Z|}=\dfrac{220}{50}$ A $=4.4$ A

(3) 各元件两端电压有效值

$$U_R=RI=30\times4.4\ \text{V}=132\ \text{V}$$

$$U_L=X_LI=40\times4.4\ \text{V}=176\ \text{V}$$

(4) 电路的有功功率、无功功率、视在功率

$$P=I^2R=4.4^2\times30\ \text{W}=580.8\ \text{W}$$

$$Q=I^2X_L=4.4^2\times40\ \text{var}=774.4\ \text{var}$$

$$S=UI=220\times4.4\ \text{V}\cdot\text{A}=968\ \text{V}\cdot\text{A}$$

(5) 电路的功率因数

$$\cos\varphi=\frac{R}{|Z|}=\frac{30}{50}=0.6$$

训练题

一、想一想(正确的打"√",错的打"×")

1. 周期、频率、角频率都是描述正弦交流电变化快慢的物理量。 ( )
2. 瞬时值、有效值、最大值都是描述正弦交流电大小的物理量。 ( )
3. 用交流电压表测得交流电压是 220 V,则此交流电压的最大值是 $220\sqrt{2}$ V。 ( )
4. 已知 $u_1=220\sqrt{2}\sin(10t+30°)$ V,$u_2=100\sin(100t-30°)$ V,则这两个正弦交流电的相位差为 60°。 ( )
5. 两个同频率的正弦交流电相位差等于它们的初相之差。 ( )
6. 电容器对交流电的阻碍作用随频率升高而减小。 ( )
7. 电感器对交流电的阻碍作用随频率升高而减小。 ( )
8. RL 串联电路中,$U_R=10$ V、$U_L=10$ V,则电路两端电压 $U=20$ V。 ( )

9. RL 串联电路中，$R=3\ \Omega$、$X_L=4\ \Omega$，则总阻抗 $|Z|=5\ \Omega$。 (　　)

10. 提高功率因数的目的主要是为了省电。 (　　)

11. 当流过某负载的电流 $i=1.41\sin(314t+\pi/6)$ A，其端电压为 $u=311\sin(314t-\pi/4)$ V 时，这个负载一定是电容性负载。 (　　)

12. 纯电感电路在正弦交流电路中是不消耗能量的。 (　　)

二、选一选(每小题只有一个正确答案)

1. 通常所说的交流电压 220 V 或 380 V，是指它的(　　)。

A. 平均值　　B. 瞬时值　　C. 有效值　　D. 最大值

2. 图 4-9 中(　　)是正弦交流电波形图。

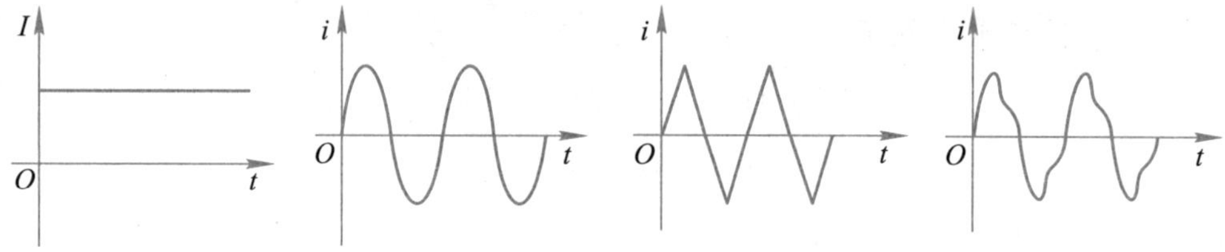

图 4-9

3. 两个正弦交流电压解析式为 $u_1=220\sqrt{2}\sin(314t+30°)$ V，$u_2=100\sin(100\pi t-120°)$ V，这两个交流电相同的物理量是(　　)。

A. 最大值　　B. 周期　　C. 初相　　D. 有效值

4. 已知 $u=220\sqrt{2}\sin(314t+30°)$ V，$i=10\sin(314t-30°)$ A，则它们之间的相位关系是(　　)。

A. u 与 i 同相　　B. u 超前 i　60°

C. u 与 i 反相　　D. u 滞后 i　60°

5. 已知正弦交流电路中，某元件的阻抗与频率成正比，则该元件是(　　)。

A. 电阻　　B. 电容　　C. 电感　　D. 无法确定

6. RL 串联电路的阻抗为(　　)。

A. $|Z|=R^2+X_L^2$　　B. $|Z|=R+X_L$　　C. $|Z|=\sqrt{R^2+X_L^2}$　　D. $Z=\sqrt{R+X_L}$

7. RL 串联电路 $U_R=30$ V、$U_L=40$ V，则端电压 U 为(　　)。

A. 70 V　　B. 50 V　　C. 30 V　　D. 40 V

8. RL 串联电路电阻消耗的有功功率为 80 W，电感的无功功率为 60 var，则电路的视在功率为(　　)。

A. 20 V · A　　B. 60 V · A　　C. 80 V · A　　D. 100 V · A

9. 纯电阻电路的功率因数为(　　)。

A. $\lambda=1$　　B. $0<\lambda<1$　　C. $\lambda=0$　　D. $\lambda>1$

10. 两个同频率正弦交流电压 u_1、u_2 的有效值各为 60 V 和 80 V。当 $u=u_1+u_2$ 的有效值为 140 V 时，u_1 和 u_2 的相位差是(　　)。

A. 0°　　B. 180°　　C. 90°　　D. 45°

三、填一填

1. 大小和方向都不随时间而变化的电压和电流称为________；大小和方向都随时间而变化且平均值为零的电压和电流称为________。

2. 正弦交流电的三要素是________、________和________。

3. 周期为 1 μs 的正弦交流电其频率是________。

4. 市用照明电的电压是 220 V，这是指电压的________值，接入一个“220 V、110 W”的负载后，负载中流过电流的有效值是________，电流的最大值是________。

5. 某正弦交流电的解析式为 $u=220\sqrt{2}\sin(314t+30°)$ V，则其有效值是________，频率是________，初相是________。

6. 交流电压表及万用表测量交流电压时测得的数值是________值。

7. 纯电阻电路电压与电流的相位关系是____________，纯电感电路电压与电流的相位关系是____________，纯电容电路电压与电流的相位关系是____________。

8. 提高功率因数的意义一是____________________；二是____________________；提高功率因数最常用的方法是______________________________。

9. 电感对交流电的阻碍作用称为________，$X_L=$________；电容对交流电的阻碍作用称为________，$X_C=$________。

10. 某 $R=30\ \Omega$ 的电感线圈接入交流电路中，感抗 $X_L=40\ \Omega$，其阻抗 $|Z|=$________ Ω，它的功率因数 $\cos\varphi=$________。

四、综合分析与计算

1. 我国生产动力用电是 50 Hz、380 V 工频交流电，其最大值是多少？周期是多少？角频率是多少？

2. 已知某正弦交流电的有效值是 220 V，频率是 50 Hz，初相 $\varphi_0=-30°$，写出它的解析式。

3. 已知某正弦交流电解析式为 $i=10\sqrt{2}\sin(10\pi t+60°)$ A，求最大值、有效值、周期、频率及初相。

4. 已知 $u=20\sin(\omega t+30°)$ V、$i=5\sin(\omega t-30°)$ A，试画出其最大值矢量图。

5. 将一个电阻值为 110 Ω 的电阻丝接到 $u=110\sqrt{2}\sin 314t$ V 的电源上，求电阻丝消耗的平均功率。

6. 给线圈加直流电压 24 V,测得流过线圈的直流电流 $I=4$ A;给线圈加交流工频 220 V 电压,测得电流有效值 $I=22$ A。求:(1) 线圈的电阻 R 和电感 L;(2) 电路功率因数。

7. 某小型发电机的额定视在功率为 22 kV · A。(1) 若给功率因数为 0.5,有功功率为 40 W的荧光灯供电,能供多少盏?(2) 若把荧光灯的功率因数提高到 0.8,这时又能供多少盏?(输电线路上电能损失不计。)

五、说一说

收集与电类专业相关的大国工匠的优秀事迹,并分享感想。

请利用手机或计算机上网收集与电类专业相关的大国工匠的优秀事迹,并与同学分享感想。

自测题

一、判断题(正确的打"√",错的打"×")

1. 用交流电压表测得的正弦交流电的数值是平均值。(　　)

2. 一额定电压为 220 V 的用电器可以接到最大值为 $220\sqrt{2}$ V 的交流电源上。(　　)

3. 只要在电感性负载两端并联电容就可增大电路的功率因数。(　　)

4. 两个同频正弦交流电 u_1、u_2,若 u_2 先到达最大值,则 u_2 超前 u_1。(　　)

5. RL 串联电路有功功率、无功功率和视在功率三者之间满足直角三角形关系 $S=\sqrt{P^2+Q^2}$。(　　)

6. RL 串联电路中 $U=U_R+U_L$。(　　)

7. RL 串联电路中 $|Z|=R+X_L$。(　　)

8. 纯电容、纯电感电路中的无功功率就是无用功率。(　　)

9. 纯电阻、纯电感、纯电容电路两端电压与流过它的电流在任何时候都符合欧姆定律。(　　)

10. 提高功率因数就是提高用电器的有功功率。(　　)

二、选择题(只有一个正确答案)

1. 在纯电阻电路中,下列计算电流的公式正确的是(　　)。

A. $i=\dfrac{U}{R}$　　B. $i=\dfrac{U_m}{R}$　　C. $I=\dfrac{U_m}{R}$　　D. $I=\dfrac{U}{R}$

2. 已知 $e_1=50\sin(314t+30°)$ V,$e_2=100\sin(314t+60°)$ V,则 e_1、e_2 的相位关系是(　　)。

A. e_1 超前 e_2 30°　　B. e_1 滞后 e_2 30°　　C. e_1 超前 e_2 90°　　D. e_1 滞后 e_2 90°

3. 对于交流电有效值,说法正确的是(　　)。

A. 有效值是最大值的$\sqrt{2}$倍

B. 最大值是有效值的$\sqrt{3}$倍

C. 最大值为 311 V 的正弦交流电压就其热效应而言相当于一个 220 V 的直流电压

D. 最大值为 311 V 的正弦交流电,可以用 220 V 的直流电来代替

4. 在纯电容电路中,下列计算电流的公式正确的是(　　)。

A. $I=\omega CU$　　B. $i=\frac{U_m}{\omega C}$　　C. $i=\frac{U}{X_C}$　　D. $I=\frac{U_m}{X_C}$

5. 交流电路中视在功率的单位是(　　)。

A. J　　B. W　　C. V · A　　D. var

6. 正弦交流电的三要素是指(　　)。

A. 电阻、电容、电感　　B. 有效值、频率和初相

C. 电流、电压、和相位差　　D. 瞬时值、最大值和有效值

7. 两个正弦电流的解析式为 $i_1=50\sin(314t+30°)$ A,$i_2=100\sin(314t+60°)$ A,则这两个交流电相同的量是(　　)。

A. 最大值　　B. 有效值　　C. 频率　　D. 初相

8. 在纯电感电路中,下列计算电流的公式中正确的是(　　)。

A. $I=\frac{U}{\omega L}$　　B. $I=\omega LU$　　C. $i=\frac{U}{L}$　　D. $I=\frac{u}{X_L}$

三、填空题

1. 我国民用工频交流电的频率为________ Hz,有效值是________。

2. 已知一正弦交流电流 $i=10\sin\left(100\pi t+\frac{\pi}{3}\right)$ A,则其有效值为________,频率为________。

3. 一个电热器接在 10 V 的直流电源上,产生一定的热功率,把它接到交流电源上使它产生的热功率与接直流电源时相等,则交流电压的最大值是________。

4. 在纯电感电路中,电感两端的电压________电流$\frac{\pi}{2}$,在纯电容电路中,电容两端的电压________电流$\frac{\pi}{2}$。

5. 在交流电路中,功率因数的定义式为 $\cos\varphi=$________。

6. 在 RL 串联电路中,已知 R、L 两端电压均为 10 V,则电路两端总电压为________。

7. 已知纯电容两端电压 $U_C=100$ V,流过电容的电流 $I_C=10$ mA,则该电容的无功功率 $Q_C=$________。

8. 在 RL 串联电路中有功功率 $P=30$ W，无功功率 $Q=40$ var，则该电路的视在功率为________。

9. 提高功率因数的方法之一便是在电感性负载两端________一个容量适当的电容器。

四、分析与计算

1. 某正弦交流电解析式为 $i=100\sqrt{2}\sin(100\pi t-45°)$ A，求最大值、有效值、周期、频率及初相。

2. 某正弦交流电路的矢量图如图 4-10 所示，请写出其电压 u、电流 i 的解析式。

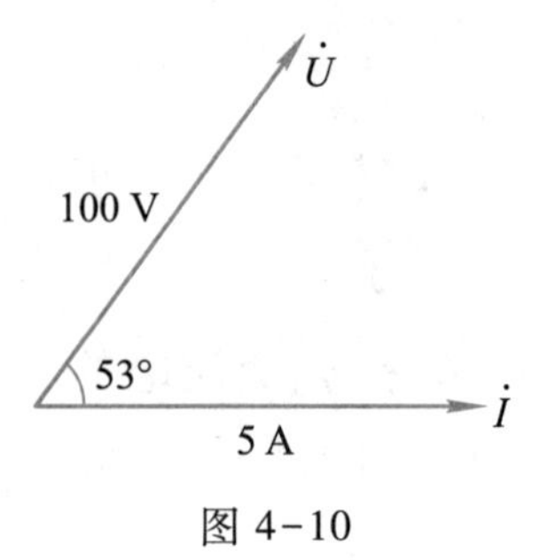

图 4-10

3. 为了求出一个线圈的参数，在线圈的两端接上频率为 50 Hz 的交流电源，测得线圈两端的电压为 150 V，通过线圈的电流为 3 A，线圈消耗的有功功率为 360 W。求：

(1) 线圈的阻抗；(2) 线圈的电阻；(3) 线圈的电感量。

第 5 章 三相正弦交流电路

学习目标

了解三相交流电的应用。

了解三相正弦交流电的产生过程,理解相序的意义。

了解实际生活中的三相四线供电制。

了解星形联结方式下线电压和相电压的关系及线电流、相电流和中性线电流的关系。

了解中性线的作用。

了解三角形联结方式下线电压和相电压的关系及线电流和相电流的关系。

理解三相电功率的概念。

重难点分析

一、知识框架

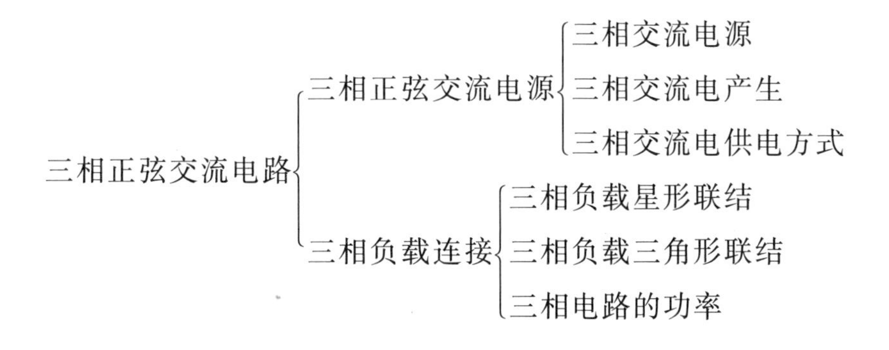

二、重点、难点

本章着重学习三相交流电的特点、三相交流电的产生、三相交流电的供电方式和三相负载的连接及三相电路的功率等知识。本章的难点是三相交流电的产生过程及三相负载连接电路的分析、计算等。

三、学法指导

在学习本章知识时,主要通过走访调查的方式来了解三相交流电在企业中的应用、三相交流电的供电方式、三相负载的连接等;通过多媒体教学演示来学习三相交流电的产生过程;通过实训的方式来学会三相负载的连接。

(一) 三相正弦交流电源

(1) 由三相电源供电的电路称为三相交流电路。

(2) 三相交流电由三相发电机产生。三相交流电源是频率相同、最大值相等,而相位彼此相差120°的三个单相交流电源按一定的方式连接的组合。

(3) 三相交流电的相序正序为U-V-W。三相交流电相序决定三相交流异步电动机的转向。

(4) 三相电源是按照一定的方式连接之后,再向负载供电的,通常采用星形联结方式,如图5-1所示。从3个始端U_1、V_1、W_1引出的3根线称为端线或相线,从中性点N引出的线称为中性线或零线。这样的供电方式称为三相四线制。

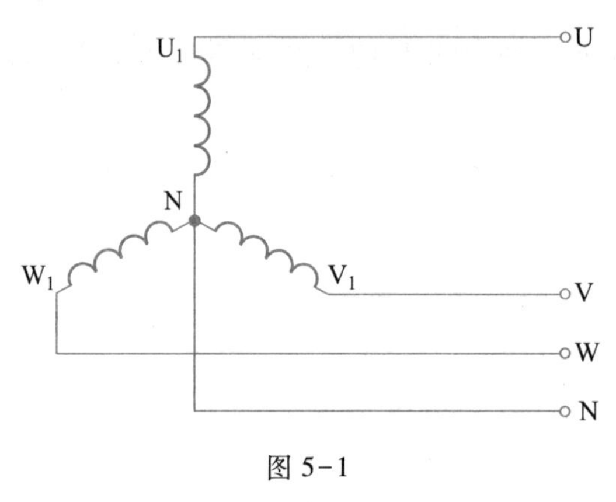

图5-1

(5) 照明用电采用三相四线制供电;相线与相线之间的电压称为线电压,各相线与中性线之间的电压称为相电压,用U_P表示相电压,U_L表示线电压。

(6) 我国低压三相四线制供电系统中,电源相电压为220 V,线电压为380 V。

(二) 三相负载的联结

(1) 在三相电路中,负载有星形(Y形)和三角形(Δ形)两种连接方式。

(2) 负载采用星形联结时,电源线电压是负载两端相电压的$\sqrt{3}$倍,即$U_L=\sqrt{3}U_{YP}$;每一相相线的线电流等于流过负载的相电流,即$I_L=I_P$。对于对称负载可去掉中性线变为三相三线制传输。对于不对称负载则必须加中性线,采用三相四线制星形联结。

(3) 当三相负载对称时,则不论负载采用星形联结还是三角形联结,负载的三相电流、电压均对称,所以对称三相电路的计算可归结为单相正弦交流电路的计算,即$I_P=\frac{U_P}{|Z|}$。

(4) 中性线的作用是使不对称负载获得对称的相电压。中性线上不允许安装开关或熔断器。

(5) 当对称三相负载采用三角形联结时,线电流的大小为相电流的$\sqrt{3}$倍,一般写成$I_{\Delta L}=\sqrt{3}I_{\Delta P}$;当三相负载采用三角形联结时,$U_{\Delta P}=U_L$。

(6) 不论负载采用星形联结还是三角形联结,对称三相负载消耗的总功率为

$$P=3U_{\mathrm{P}}I_{\mathrm{P}}\cos\varphi_{\mathrm{P}}$$

或

$$P=\sqrt{3}U_{\mathrm{L}}I_{\mathrm{L}}\cos\varphi_{\mathrm{P}}$$

式中,每相负载的功率因数为

$$\cos\varphi_{\mathrm{P}}=\frac{R}{|Z|}$$

在相同的线电压下,负载采用三角形联结的有功功率是采用星形联结的有功功率的 3 倍,这是因为采用三角形联结时的线电流是采用星形联结时线电流的 3 倍。

四、典型例题

例 5-1 有 3 个 $R=10\ \Omega$ 的电阻,采用星形联结后接到 380 V 的对称三相电源上,试求相电压、相电流和中性线电流。

分析: 电源电压如没有特殊说明一般指的是线电压。根据三相负载采用星形联结时线电压与相电压、线电流与相电流关系及欧姆定律,便可求出相关参数。

解: 对称负载采用星形联结时,负载的相电压 $U_{\mathrm{P}}=\frac{U_{\mathrm{L}}}{\sqrt{3}}=\frac{380}{\sqrt{3}}\ \mathrm{V}\approx220\ \mathrm{V}$

流过负载的相电流 $I_{\mathrm{P}}=\frac{U_{\mathrm{P}}}{|Z|}=\frac{220}{10}\ \mathrm{A}=22\ \mathrm{A}$

线电流 $I_{\mathrm{L}}=I_{\mathrm{P}}=22\ \mathrm{A}$

因为负载对称,中性线电流 $I_{\mathrm{N}}=0$

例 5-2 有 3 个 $R=10\ \Omega$ 的电阻,采用三角形联结后接到 380 V 的对称三相电源上,求相电压、相电流和线电流。

分析: 根据三相负载采用三角形联结时线电压与相电压、线电流与相电流关系及欧姆定律即可求出相关参数。

解: 对称负载采用三角形联结时,负载的相电压 $U_{\mathrm{P}}=U_{\mathrm{L}}=380\ \mathrm{V}$

流过负载的相电流 $I_{\mathrm{P}}=\frac{U_{\mathrm{P}}}{|Z|}=\frac{380}{10}\ \mathrm{A}=38\ \mathrm{A}$

线电流 $I_{\mathrm{L}}=\sqrt{3}I_{\mathrm{P}}=\sqrt{3}\times38\ \mathrm{A}\approx66\ \mathrm{A}$

例 5-3 某三相对称负载,每相负载的 $R=6\ \Omega$,$X_L=8\ \Omega$,电源线电压为 380 V,试求负载分别采用星形联结和三角形联结时的三相电功率。

分析: 根据正弦交流电路阻抗计算公式 $|Z|=\sqrt{R^2+X_L^2}$ 求出负载阻抗,再由三相负载连接方式决定的电压、电流关系及功率计算公式便可求出三相电路消耗的功率。

解: 每相绕组的阻抗为

$$|Z|=\sqrt{R^2+X_L^2}=\sqrt{6^2+8^2}\ \Omega=10\ \Omega$$

（1）采用星形联结时负载相电压 $U_{YP}=\dfrac{U_L}{\sqrt{3}}=\dfrac{380}{\sqrt{3}}\ \text{V}\approx 220\ \text{V}$

流过负载的相电流 $I_P=\dfrac{U_P}{|Z|}=\dfrac{220}{10}\ \text{A}=22\ \text{A}$

由功率因数计算公式得负载的功率因数 $\cos\varphi_P=\dfrac{R}{|Z|}=\dfrac{6}{10}=0.6$

因此采用星形联结时三相负载的总有功功率

$$P=3U_PI_P\cos\varphi_P=3\times220\times22\times0.6\ \text{W}\approx 8.7\ \text{kW}$$

或

$$P=\sqrt{3}U_LI_L\cos\varphi_P=\sqrt{3}\times380\times22\times0.6\ \text{W}\approx 8.7\ \text{kW}$$

（2）采用三角形联结时，负载相电压等于电源线电压，即 $U_P=U_L=380\ \text{V}$，负载的相电流 $I_P=\dfrac{U_P}{|Z|}=\dfrac{380}{10}\ \text{A}=38\ \text{A}$。因此采用三角形联结时三相负载总有功功率

$$P=3U_PI_P\cos\varphi_P=3\times380\times38\times0.6\ \text{W}\approx 26\ \text{kW}$$

训练题

一、想一想（正确的打"√"，错的打"×"）

1. 三相交流电源是由频率、有效值、相位都相同的3个单相交流电源按一定的方式组合起来的。（ ）
2. 三相交流电源的中性线也称零线，又称为"地线"。（ ）
3. 三相交流电源的相线也称端线，又称为"火线"。（ ）
4. 所有三相负载采用星形联结时均可采用三相三线制供电。（ ）
5. 我国低压照明采用三相四线制供电，其相电压为220 V，线电压为380 V。（ ）
6. 三相不对称负载采用星形联结时，为了使各相电压对称，必须采用三相四线制供电。（ ）
7. 三相负载采用三相四线制星形联结时，无论负载对称与否，每根相线的线电流都等于流过该相负载的相电流。（ ）
8. 由于三相对称交流负载采用星形联结时，中性线电流为零，故中性线可省去。（ ）
9. 只要负载采用三角形联结，其线电流一定是相电流的$\sqrt{3}$倍。（ ）
10. 任意三相负载消耗的总功率都可用 $P=3U_PI_P\cos\varphi$ 计算。（ ）

二、选一选（每题只有一个正确答案）

1. 下列关于三相电源说法正确的是（ ）。

A. 它们的最大值不同

B. 它们的周期不同

C. 它们达到最大值时间依次落后 1/3 周期

D. 它们同时达到最大值

2. 三相动力供电线路中任意两根相线之间的电压是(　　)。

A. 相电压,有效值 220 V　　B. 线电压,有效值 380 V

C. 线电压,有效值 220 V　　D. 相电压,有效值 380 V

3. 动力供电线路中,采用星形联结三相四线制供电,交流电频率为 50 Hz,线电压为 380 V,则下列说法正确的是(　　)。

A. 线电压为相电压的$\sqrt{3}$倍　　B. 相电压的瞬时值为 220 V

C. 交流电的周期是 0.2 s　　D. 线电压的最大值为 380 V

4. 生活中照明用电负载的连接方式应采用(　　)。

A. 三相三线制星形联结　　B. 三角形联结

C. 串联连接　　D. 三相四线制星形联结

5. 三相交流电的相序中正序为(　　)。

A. U-V-W　　B. U-W-V　　C. W-V-U　　D. V-U-W

6. 对称三相负载采用三相三线制星形联结,接入线电压为 380 V 的对称三相电源中,每相负载承受的电压是(　　)。

A. 220 V　　B. 380 V　　C. 190 V　　D. 311 V

7. 不对称三相负载采用三相四线制,接入对称三相电源中,每相负载承受的电压是(　　)。

A. 190 V　　B. 380 V　　C. 220 V　　D. 311 V

8. 对称负载采用三角形联结,接入线电压为 380 V 的三相对称电源中,每相负载承受的电压是(　　)。

A. 220 V　　B. 380 V　　C. 190 V　　D. 311 V

9. 三相四线制星形联结中性线电流为(　　)。

A. 三相电流的平均值　　B. 三相负载相电流有效值代数和

C. 三相负载相电流有效值矢量和　　D. 三相负载相电流最大值代数和

10. 同一负载在同一电源作用下,采用三角形联结消耗的功率是采用星形联结消耗的功率的(　　)。

A. 1/3　　B. 1 倍　　C. $\sqrt{3}$倍　　D. 3 倍

11. 三相负载不对称时应采用的供电方式为(　　)。

A. 三角形联结　　B. 星形联结并加装中性线

C. 星形联结　　D. 星形联结并在中性线上加装熔断器

三、填一填

1. 相线与相线之间的电压称为________，各相线与中性线之间的电压称为________，用 U_P 表示________，U_L 表示________。

2. 在三相电路中，负载有________和________两种连接方式。

3. 我国低压三相四线制供电系统中，电源相电压为________，线电压为________。

4. 负载采用星形联结时，电源线电压是负载两端相电压的________倍，每一相相线的线电流________相电流。

5. 对于对称负载采用星形联结可去掉中性线变为____________________联结，对于不对称负载则必须加中性线，采用____________________联结。

6. 中性线的作用是______________________________。

7. 当对称三相负载采用三角形联结时，线电流的大小为相电流的________倍，电源线电压________负载两端相电压。

8. 在电力系统中，照明等生活用电是最典型的不对称三相负载，应采用____________________联结，每一相负载承受的电压是________ V。

9. 三相不对称负载采用星形联结时中性线电流不等于零，因此，不允许在中性线上安装________________等装置。

10. 对称三相负载消耗的总功率为____________。

11. 三相不对称负载采用星形联结时，中性线的作用是使负载相电压等于电源________电压，从而保持三相负载电压总是________的，使各相负载正常工作。

四、分析与计算

1. 三相交流电供电系统中，负载连接方式有哪几种？试画图说明。

2. 在三相四线制供电系统中，什么情况下可去掉中性线？若照明线路中的中性线断了，则会产生什么后果？

3. 有一台三相电阻炉接 380 V 交流电源，电阻炉每相电阻为 5 Ω，求此电阻炉采用星形联结时的相电流、线电流和消耗的有功功率。

4. 在上题中，把电阻炉改为三角形联结，试求流过负载的相电流和相线的线电流及消耗的有功功率。

五、说一说

结合所学，谈谈对工业用电和民用生活的节约用电的建议。

近年来，我国电力生产得到了长足的发展，发电装机量居世界首位。但是我国人均用电量还不高，电力生产还有很大的上升空间。请利用手机或计算机上网查找我国目前发电方式的构成,结合所学提出节约用电的建议,形成调查分析报告,并在班级内分享。

自测题

一、判断题(正确的打"√",错的打"×")

1. 三相对称交流电是指三相完全相同的交流电。 ( )

2. 三相四线制供电系统中,线电压等于相电压的$\sqrt{3}$倍。 ( )

3. 为防止负载短路造成线路烧毁,通常在中性线上安装熔断器以实现短路保护。( )

4. 同一负载在同一电源作用下,接成三角形联结时的有功功率是接成星形联结时的有功功率的 3 倍。 ( )

5. 无论负载对称与否,只要采用带中性线的星形联结,则每相负载都承受相同的相电压。 ( )

6. 在低压供电系统中常采用三相四线制供电,生活中的照明用电就是采用三相四线制供电。 ( )

7. 三相对称负载采用星形联结时可采用三相三线制供电。 ( )

8. 三相电路中,流过负载的电流称为相电流,流过相线的电流称为线电流,并且无论负载采用何种连接方式,相电流都等于线电流。 ( )

二、选择题(只有一个正确答案)

1. 照明电路的电压是 220 V,则相线与中性线之间的电压为( )。

A. 相电压,有效值为 220 V　　B. 线电压,有效值为 $220\sqrt{3}$ V

C. 线电压,有效值为 220 V　　D. 相电压,有效值为 $220\sqrt{3}$ V

2. 三相对称负载采用星形联结,则( )。

A. $U_L=U_P$　　B. $U_L=\sqrt{3}U_P$　　C. $U_L=\dfrac{U_P}{\sqrt{3}}$　　D. $U_{Lm}=380$ V

3. 下列 4 个选项中,结论错误的是( )。

A. 负载采用星形联结时线电流等于相电流

B. 负载采用三角形联结时线电流等于相电流

C. 当三相负载越接近对称时中性线电流越小

D. 三相对称负载采用三角形联结和星形联结时,其总有功功率均为 $P=3U_PI_P\cos\varphi$

4. 若要求三相负载相互不影响,负载应采用( )。

A. 星形联结有中性线　　B. 星形联结无中性线

C. 三角形联结　　D. 星形联结有中性线或三角形联结

5. 照明线路采用三相四线制供电线路,中性线应(　　)。

A. 安装熔断器,便于短路保护　　B. 取消或断开

C. 安装开关控制电路通断　　D. 安装牢固,防止断开

6. 某对称三相负载采用星形联结,三相线电流均为 3 A,则中性线电流为(　　)。

A. 0 A　　B. 3 A　　C. 6 A　　D. 9 A

7. 对一般三相交流发电机的 3 个线圈中的感应电动势,正确的说法是(　　)。

A. 它们的最大值不同　　B. 它们同时到达最大值

C. 它们的周期不同　　D. 它们依次落后 120°到达最大值

8. 三相交流电源采用三相四线制供电方式,其相电压为 220 V,则其线电压是(　　)。

A. 220 V　　B. $220\sqrt{2}$ V　　C. 380 V　　D. $380\sqrt{2}$ V

三、填空题

1. 工厂中一般动力用电源电压为________,照明电源电压为________。

2. 在三相四线制供电系统中,________和________间的电压称为线电压;________和________间的电压称为相电压;一般用符号________表示相电压,________表示线电压。

3. 三相电路中,为统一相序,通常用不同的颜色来区分各相。U 相用________色;V 相用________色;W 相用________色。

4. 三相对称负载采用星形联结时,U_L = ________ U_{YP},I_L = ________ I_P,此时中性线电流为________。

5. 当三相负载采用三角形联结时,$U_{\Delta P}$ = ________ U_L;当对称三相负载采用三角形联结时,$I_{\Delta L}$ = ________ $I_{\Delta P}$。

四、综合分析与计算

1. 有一三相对称负载,每相负载的 $R=60\ \Omega$,$X_L=80\ \Omega$,电源线电压为 380 V。求负载采用星形联结时的相电流、线电流和消耗的功率。

2. 在上题中,若负载采用三角形联结,则电路中的相电流、线电流和消耗的功率又是多少?

第 6 章

用电技术及常用电器

学习目标

了解电力供电系统的组成,养成节约用电的好习惯。

了解电力系统中的用电保护措施。

了解常见照明灯具,了解新型节能电光源及应用,会根据照明需要合理选用灯具。

了解变压器的构造与作用,理解变压器的工作原理及变压比、变流比的概念。

了解三相笼型交流异步电动机的基本结构和铭牌参数。

了解单相异步电动机的基本结构、类型和工作原理。

了解直流电动机的基本结构、类型和工作原理,掌握其使用方法。

了解常用低压电器的结构、工作原理及应用场合,会根据工作场所合理选用。

重难点分析

一、知识框架

- 用电技术及常用电器
  - 电力供电与节约用电
    - 电能特点
    - 电力生产
    - 电力输送与分配
    - 节约用电
  - 用电保护
    - 保护接地
    - 保护接零
    - 漏电保护器
  - 照明灯具
    - 荧光灯、碘钨灯等
    - 节能灯、LED 灯等
  - 变压器
    - 变压器用途、结构及作用
    - 变压器工作原理及变压比、变流比
  - 交流电动机
    - 三相交流异步电动机结构
    - 三相交流异步电动机工作原理
    - 三相交流异步电动机型号和技术参数

- 用电技术及常用电器
  - 单相交流异步电动机
    - 单相交流异步电动机工作原理
    - 常见单相交流异步电动机
  - 直流电动机
    - 直流电动机基本结构
    - 直流电动机的转动原理
    - 直流电动机分类
  - 兆欧表的使用
  - 钳形电流表的使用
  - 常用低压电器
    - 控制电器：刀开关、熔断器、断路器
    - 配电电器：接触器、热继电器、时间继电器、按钮、行程开关

二、重点、难点

本章着重学习电力生产、输送和分配；用电保护技术、漏电保护器使用；照明灯具及其选用；变压器的结构、工作原理、变压比、变流比；三相交流异步电动机结构、工作原理及铭牌参数识读；单相交流异步电动机及直流电动机的基本工作原理；兆欧表和钳形电流表的使用；常用低压电器的功能、结构、工作原理及使用。本章的重点是在生产、生活中能根据不同的场合选用这些电气设备、器件和技术。本章的难点是用电技术，常用灯具、变压器、电动机，常用低压电器的工作、控制原理。学习的关键是能正确使用这些用电技术及常用电器。

三、学法指导

在学习本章知识时，主要通过实地调查、观察学校或工厂用电情况来认识电力供电系统、用电保护措施，同时学会节约用电；通过观察，结合实物来认识和学习：照明灯具、变压器、三相交流异步电动机、单相交流异步电动机、直流电动机、常用低压电器的结构组成和工作原理，并能根据不同的场合选用这些电气设备；通过实训来学习三相异步电动机的控制原理；学会钳形电流表的使用、兆欧表的使用，学会布线及安装工艺。

（一）电力供电

（1）所有电能都是由其他形式的能源转换而来的，电能的特点是：便于转换、便于输送、便于控制和测量。

（2）目前电力生产的主要方式有火力发电、水力发电、原子能发电等。

（3）为了供电的安全、连续、可靠和经济，将各类发电厂的发电机、变电所、输电线、配电设备和用电设备联系起来组成一个整体，这个整体就称为电力系统。

（4）由各种不同电压的输配电线路和变电所组成的电力系统的一部分称为电力网，其任务是输送和分配电能。

（5）通常，将35 kV以上的高压线路称为送电线路，10 kV以下的称为配电线路，10 kV以

上的称为高压配电线路，1 200 V 以下的称为低压配电线路。

（6）节约用电的主要途径包括技术改造和科学管理两个方面。

（二）用电保护

（1）由于电气设备的绝缘损坏或安装不合理等出现金属外壳带电的故障称为漏电。设备漏电时，会使接触设备的人体发生触电，还可能导致设备烧毁、电源短路等事故，必须采取一定的防范措施以确保安全。

（2）在电源中性点不接地的供电系统中，将电气设备的金属外壳与接地体（埋入地下并直接与大地接触的金属导体）可靠连接，这种方法称为保护接地。接地电阻不允许超过 4 Ω。

（3）在电源中性点已接地的三相四线制供电系统中，将电气设备的金属外壳与电源中性线相连，这种方法称为保护接零。

在同一台变压器供电的低压电网中，不允许将有的设备接地、有的设备接零。

（4）漏电保护器又称触电保安器或漏电开关，是用来防止人身触电和设备事故的主要技术装置。

（三）照明灯具

常用电光源有节能灯、LED 灯等。

（四）变压器

（1）变压器是一种利用电磁感应原理，将某一数值的交流电压交换为同一频率的另一数值的交流电压的静止的电气设备。

（2）变压器由铁心和绕组两部分组成。铁心构成电磁感应所需要的磁路部分；变压器的绕组用绝缘良好的漆包线、纱包线或丝包线绕成，构成电磁感应所需要的电路部分。变压器工作时与负载连接的绕组称为二次绕组（旧称副边绕组），与电源连接的绕组称为一次绕组（旧称原边绕组）。

（3）变压器有变换交流电压、变换交流电流、变换交流阻抗、变换相位、隔离传输交流信号等作用。

（4）变压器一次、二次电压之比与匝数比成正比，即$\frac{U_1}{U_2}=\frac{N_1}{N_2}=K$。

（5）变压器一次、二次电流之比与匝数比成反比，即$\frac{I_1}{I_2}=\frac{N_2}{N_1}=\frac{1}{K}$。

（6）变压器一次、二次阻抗之比与匝数比的平方成正比，即$\frac{Z_1}{Z_2}=K^2$。

（五）交流电动机

（1）电动机是利用电和磁相互作用的电磁感应原理来实现将电能转换为机械能的装置。

（2）三相笼型交流异步电动机由定子和转子两个部分组成。定子是异步电动机固定不动的部分。异步电动机的定子由机座、定子铁心和装在铁心线槽中的定子绕组等组成。转子是电动机的旋转部件，它由转轴、转子铁心和转子绕组等构成。转子按其结构的不同分为笼型转子和绕线转子。

（3）异步电动机的型号由产品代号、规格代号和环境代号等三部分组成。

（六）单相交流异步电动机

（1）用单相交流电源供电的异步电动机称为单相异步电动机。单相异步电动机有两个定子绕组，即主绕组和副绕组（起动绕组），转子为笼型转子。

（2）单相异步电动机的定子绕组接通的是单相交流电，定子所产生的磁场是一个交变的脉动磁场。交变的脉动磁场可以认为是由两个转速大小相等但转向相反的旋转磁场合成的磁场。当转子静止时，两个旋转磁场作用在转子上所产生的合力矩为零，转子静止不动，所以单相异步电动机不能自行起动。

（七）直流电动机

（1）直流电动机使用直流电源，与交流异步电动机相比，直流电动机具有更好的起动和运行性能，因此直流电动机应用在起重、运输机械、传动机构、精密机械、自动控制系统和电子电器、日用电器中。和交流电动机一样，直流电动机的基本结构也由定子、转子和结构件（端盖、轴承等）三大部分组成的。

（2）根据定子磁场的不同，直流电动机主要可分为永磁式和励磁（电磁）式两大类，永磁式可分为有（电）刷和无（电）刷两类，而励磁式根据励磁绕组通电方式的不同，又可分成串励、并励、复励和他励4类。

（八）常用低压电器

（1）低压电器是工作在交流电压1 000 V或直流电压1 200 V及其以下，用来对供用电系统进行开关、控制、保护和调节的电器。按其控制对象不同，低压电器分为配电电器和控制电器两大类。

（2）刀开关属于手动电器，主要用于不频繁地接通和分断容量不大的低压供电线路，以及作为电源隔离开关，也可以用来直接起动小容量的三相异步电动机。常用的刀开关有开启式负荷开关、封闭式负荷开关和组合开关3种。

（3）熔断器是一种使用广泛的短路保护电器，将它串联在被保护的电路中，当电路因发生过载或者短路而流过大电流时，由低熔点合金制成的熔体由于过热迅速熔断，从而在设备和线路被损坏前切断电路。电动机控制电路上常用的熔断器有插入式和螺旋式两种。

（4）低压断路器又称自动空气开关或空气断路器，是一种重要的控制和保护电器，主要用于交直流低压电网和电力拖动系统中，既可手动又可电动分合电路。

（5）接触器是一种自动控制电器，它可以用于频繁地远距离接通或切断交直流电路及大容量控制电路。接触器的主要控制对象是电动机，也可用于控制其他电力负载，如电焊机、电阻炉等。

（6）热继电器是利用电流的热效应来推动机构使触点闭合或断开的保护电器。热继电器主要用于电动机的过载保护、断相保护、电流的不平衡运行保护及其他电气设备发热状态的控制。

(7) 时间继电器是一种按时间原则进行控制的继电器。从得到输入信号(线圈的通电或断电)起,需经过一段时间的延时后才输出信号(触点的闭合或分断)。它广泛用于需要按时间顺序进行控制的电气控制线路中。时间继电器有电磁式、电动式、空气阻尼式、晶体管式等,目前电力拖动线路中应用较多的是空气阻尼式时间继电器和晶体管时间继电器。

(8) 按钮开关也称为控制按钮或按钮。作为一种典型的主令电器,按钮主要用于发出控制指令,接通和分断控制电路。

(9) 行程开关也称位置开关或限位开关。它的作用与按钮相同,特点是触点的动作不靠手,而是利用机械运动部件的碰撞使触点动作来实现接通或断开控制电路。它是将机械位移转换为电信号来控制机械运动的,主要用于控制机械的运动方向、行程大小和位置保护。

训练题

一、想一想(正确的打"√",错的打"×")

1. 电能的特点是:便于转换、便于输送、便于控制和储存。 (　　)
2. 从用电的角度来说,40 W 的荧光灯比 40 W 的白炽灯耗电量少。 (　　)
3. 漏电保护器主要用于电路的漏电保护。 (　　)
4. 只要用电设备采用了保护接地或保护接零措施,电路就相当安全,没有一点危险。 (　　)
5. 某变压器输入为交流 220 V,输出为 22 V,则该变压器的变压比为 1∶10。 (　　)
6. 把降压变压器一次、二次绕组对调使用即可作为升压变压器使用。 (　　)
7. 异步电动机的转速和旋转磁场转速相同的。 (　　)
8. 三相交流异步电动机铭牌标注的功率是电动机输出的机械功率。 (　　)
9. 三相交流异步电动机转子转动方向由三相交流电源的相序决定。 (　　)
10. 熔断器是一种广泛使用的漏电、过载保护电器。 (　　)

二、选一选(每小题只有一个正确答案)

1. 下列灯具中存在频闪效应的是(　　)。

A. LED 灯　　B. 白炽灯　　C. 荧光灯　　D. 高压汞灯

2. 国家提倡节能环保,大力推广的家庭照明灯具是(　　)。

A. 节能灯　　B. 白炽灯　　C. 荧光灯　　D. 高压钠灯

3. 某变压器一次电压为 220 V,一次绕组匝数是 2 000 匝,二次绕组匝数是 1 000 匝,则其二次输出电压为(　　)。

A. 22 V　　B. 110 V　　C. 220 V　　D. 2 200 V

4. 变压器一次绕组匝数是220匝,二次绕组匝数是2 200匝,若在一次侧加6 V蓄电池,则其二次电压为(　　)。

A. 60 V　　B. 6 V　　C. 0.6 V　　D. 0 V

5. 三相异步电动机旋转磁场的转速与(　　)。

A. 电源电压成正比　　B. 频率和磁极对数成正比

C. 频率成正比,磁极对数成反比　　D. 频率成反比,磁极对数成正比

6. 下列低压电器中,(　　)用于短路保护。

A. 刀开关　　B. 断路器　　C. 按钮　　D. 熔断器

7. 可用于频繁地远距离接通或切断交直流电路及大容量控制电路的控制电器是(　　)。

A. 交流接触器　　B. 断路器　　C. 热继电器　　D. 时间继电器

8. 下列低压电器中,(　　)常用于电动机的过电流保护。

A. 交流接触器　　B. 熔断器　　C. 热继电器　　D. 时间继电器

9. 电力机车,大型机床,起重、运输机械,精密机械,自动控制系统和电子电器,日用电器中应选用(　　)。

A. 三相交流异步电动机　　B. 单相交流异步电动机

C. 发电机　　D. 直流电动机

10. 一单相电动机的铭牌数据为 $U=220$ V, $I=3$ A, $\cos\varphi=0.8$,则其视在功率和有功功率为(　　)。

A. 660 V·A,528 W　　B. 825 V·A,660 W

C. 528 V·A,660 W　　D. 660 V·A,825 W

三、填一填

1. 目前电力生产的主要方式有________、________和________等。

2. 在电源中性点不接地的供电系统中,将电气设备的金属外壳与接地体(埋入地下并直接与大地接触的金属导体)可靠连接,这种方法称为________。

3. 变压器由________和________两部分组成,是利用________原理工作的电磁装置。

4. 变压器一次、二次电压与变压器一次、二次绕组匝数的关系是________,一次、二次电流与变压器一次、二次绕组匝数的关系是________。

5. 电动机是将________转换为________的旋转电气设备。

6. 三相笼型交流异步电动机由________和________两个部分组成;其中定子由________、________和________等组成;转子由________、________和________等组成;转子按其结构不同又可分为________转子和________转子。

7. 三相异步电动机的旋转磁场转速为________;转差率为________。

8. 按其控制对象不同,低压电器分为______________和______________两大类。

9. 在电路中通常接入熔断器起到________保护的作用。

四、综合分析

1. 为什么要节约用电? 生活中我们应怎样才能节约用电?

2. 观察周围供用电情况,看看采取了哪些用电保护措施。

3. 列出 5 种以上使用电动机的家用电器。

4. 常用低压电器有哪些? 在电路中各有什么作用?

五、查一查

调查家庭的电力分配与安全关系。

用电安全十分重要,合理的电力分配能减小线路电流,降低火灾等安全事故。请考察家中配电箱内对空调器、厨房电器、照明电器、一般插座等的电力分配情况,做成统计表,包括漏电保护器的配备情况。说说为什么要这样分配,把你的结论分享给小伙伴们。

自测题

一、判断题(正确的打"√",错的打"×")

1. 同一供电系统中同时采用保护接地和保护接零,这样做更安全。 (　　)

2. 变压器的作用是产生电能。 (　　)

3. 变压器可以变换交流电压、交流电流和交流阻抗。 (　　)

4. 三相笼型交流异步电动机由定子和转子两部分组成。 (　　)

5. 三相异步电动机定子三相绕组的首、末端分别标记为 U_1-U_2、V_1-V_2 和 W_1-W_2,若把 U_1-W_2、V_1-U_2 和 W_1-V_2 相连,则这种连接方式为三角形联结。 (　　)

6. 兆欧表使用过程中手柄摇动的速度应尽量保持在 120 r/min,待指针稳定 1 min 后进行读数。 (　　)

7. 钳形电流表一般用于测量低压电流,而不能用于测量高压电流。 (　　)

8. 用三极刀开关直接控制三相异步电动机不频繁地起动和停机,则电动机的功率一般不能超过 100 kW。 (　　)

9. 低压电器就是指工作电压低于 36 V 的电器。 (　　)

10. 低压电器中动断触点在没电时处于断开状态。 (　　)

二、选择题(只有一个正确答案)

1. 下列做法正确的是(　　)。

A. 教室里没人时应把所有用电设备电源关断

B. 夏天把空调温度调低些更舒服

C. 一个人在教室里学习时把所有灯打开看得清楚些

D. 教室里的灯功率越大越好

2. 学校办公室、教室等场合应选用的灯具是(　　)。

A. 白炽灯　B. 高压汞灯　C. 节能灯　D. 碘钨灯

3. 在电源中性点已接地的三相四线制供电系统中应采用的用电保护措施是(　　)。

A. 保护接零　B. 保护接地

C. 保护接地、保护接零同时进行　D. 漏电保护

4. 下面关于变压器的正确说法是(　　)。

A. 变压器可以改变交流电的电压

B. 变压器可以改变直流电的电压

C. 变压器可以改变交流电的电压,也可以改变直流电的电压

D. 变压器除了改变交流电压、直流电压外,还可改变交流电流

5. 可以频繁快速开关、使用直流低电压驱动的灯具是(　　)。

A. 白炽灯　B. 荧光灯　C. 节能灯　D. LED灯

6. 两对磁极的三相异步电动机旋转磁场的转速是(　　)。

A. 750 r/min　B. 1 000 r/min　C. 1 500 r/min　D. 3 000 r/min

7. 用于电力排灌、电热器和电气照明的配电设备中不频繁地接通和分断电路的低压电器是(　　)。

A. 开启式负荷开关　B. 铁壳开关　C. 组合开关　D. 按钮开关

8. 用于交直流低压电网和电力拖动系统中,既可手动又可电动分合电路的低压电器是(　　)。

A. 按钮开关　B. 空气断路器　C. 行程开关　D. 漏电保护器

9. 兆欧表测量电动机绝缘电阻要求其绝缘电阻值不小于(　　)。

A. 0.1 MΩ/kV　B. 0.5 MΩ/kV　C. 1 MΩ/kV　D. 5 MΩ/kV

10. 测量不能断电线路上的电流应选用(　　)。

A. 万用表　B. 交流电流表　C. 交流电压表　D. 钳形电流表

三、填空题

1. 由各种不同电压的输配电线路和变电所组成的电力系统的一部分称为电力网,其任务

是________和________电能。

2. 在电源中性点不接地的供电系统中采用保护接地措施时其接地电阻不应超过________。

3. 用来防止人身触电和设备事故的主要技术装置是________________。

4. 变压器是一种利用____________原理,将某一数值的交流电压交换为同一频率的另一数值的交流电压的静止的电气设备。

5. 三相笼型交流异步电动机由________和________两部分组成。

6. 常用低压电器中刀开关的文字符号是________,断路器的文字符号是________,熔断器的电路符号是________,热继电器的文字符号是________,接触器的文字符号是________,时间继电器的文字符号是________,行程开关的文字符号是________,按钮的文字符号是________。

四、作图题

试画出下列常用低压电器的电路符号。

(1) 熔断器　　(2) 交流接触器　　(3) 行程开关　　(4) 按钮开关

(5) 时间继电器　　(6) 热继电器　　(7) 低压断路器　　(8) 刀开关

第 7 章

三相异步电动机的基本控制电路

学习目标

了解三相异步电动机直接起动控制及单向点动与连续控制电路的组成和工作原理。

了解三相异步电动机接触器互锁正反转控制电路的组成和工作原理。

会点动与连续运行控制电路配电板的配线及安装。

会接触器互锁正反转控制电路配电板的配线及安装。

重难点分析

一、知识框架

- 三相异步电动机基本控制电路
  - 起动控制
    - 直接起动控制
    - 点动控制
    - 连续运转控制
  - 正反转控制
    - 控制电路
    - 控制原理

二、重点、难点

本章着重学习三相异步电动机起动控制和正反转控制。本章的重点是基本概念、基本控制电路组成、工作原理知识;识读控制电路、控制电路安装及接线工艺等技能的灵活应用。本章的难点是控制原理、自锁原理、互锁原理、保护措施等理论知识的理解。

三、学法指导

在学习本章知识时,主要通过实训的形式来学会三相异步电动机的点动控制、单向运转控制和正反转控制工作原理;学会常用低压电器的使用,进一步巩固布线及安装工艺;关键是动手。

(1) 三相异步电动机的起动分为直接起动和降压起动。所谓“起动”,是指电动机通电后转速从零开始逐渐加速到正常运转的过程。

(2) 对异步电动机起动的基本要求是:在保证有足够的起动转矩的前提下尽量减小起动电流,并尽可能采取简单易行的起动方法。

（3）在一般情况下，如果电动机的容量不超过供电变压器容量的 20%～30%，则可以把电动机直接接到电网上进行起动，称为直接起动。一般 7.5 kW 以下的电动机允许直接起动。

（4）降压起动，就是起动时采用各种方法先降低电动机定子绕组的电压，以减小起动电流，待电动机升速后再加上额定电压运行。

（5）在电动机控制电路中停止按钮采用串联方式接入，起动按钮采用并联方式接入。

（6）对于小容量电动机的起动，在控制条件要求不高的场合，可以使用胶盖闸刀、铁壳开关等简单控制装置直接起动，如图 7-1 所示。

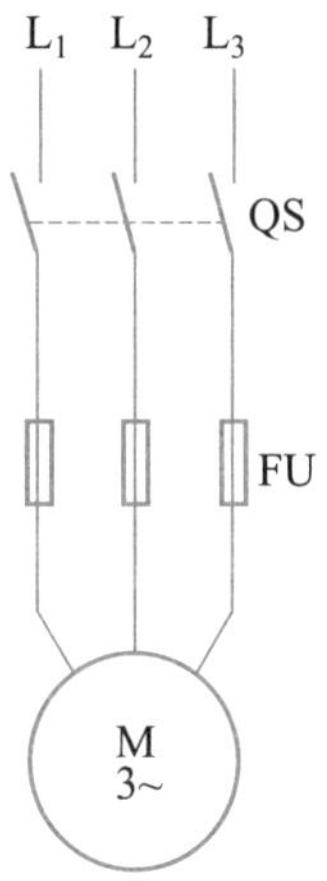

L_1 L_2 L_3

QS

FU

M

3~

图 7-1

（7）点动控制电路是用最简单的控制电路，完成电动机的全压起动，每按一下起动按钮，电动机就转动一次，随时释放起动按钮，电动机随时停止转动，如图 7-2 所示。

（8）在点动控制的基础上，保持主电路不变，在控制电路中串联动断（常闭）按钮 SB_1，并在起动按钮 SB_2 上并联一副接触器动合（常开）辅助触点 KM（3-4）即可成为电动机连续运转控制电路，如图 7-3 所示。按下起动按钮后，电动机长期运转直到按下停止按钮。

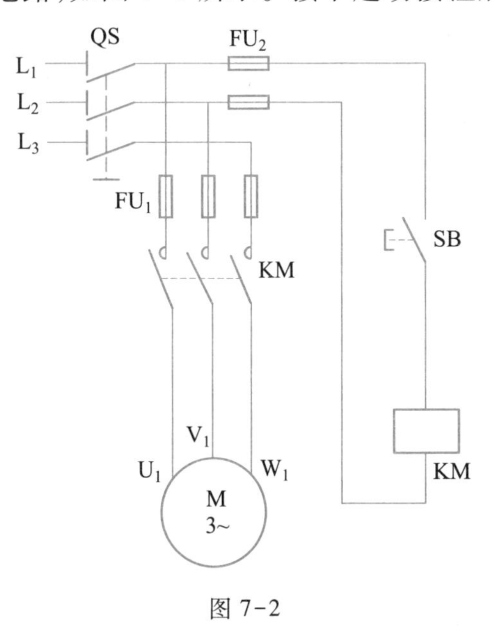

图 7-2

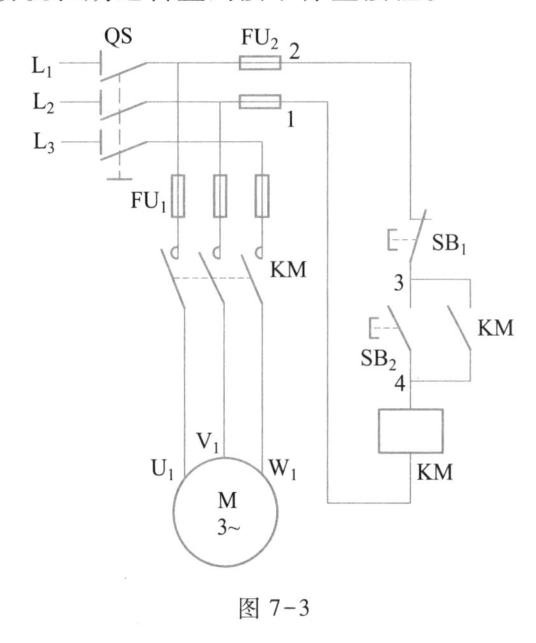

图 7-3

（9）在连续运转控制电路中，松开起动按钮电路仍能保持闭合通电的功能称为自锁；这种具有自锁功能的控制电路称为自锁电路；接触器中起自锁作用的触点称为自锁触点，如图 7-3 中的 KM（3-4）。

（10）在连续运转主电路中串联热继电器主触点，在控制电路中串联热继电器动断辅助触点 FR（2-3），就构成具有过载保护功能的连续运转控制电路，如图 7-4 所示。

（11）电动机正反转控制实质是交换三相交流电源线中的任意两相。图 7-5 所示是具有自锁、互锁及过载保护功能的正反转控制电路。

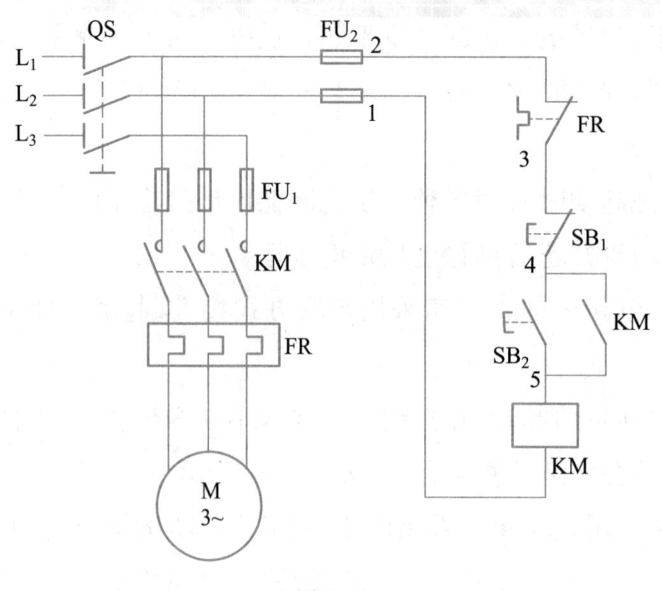

图 7-4

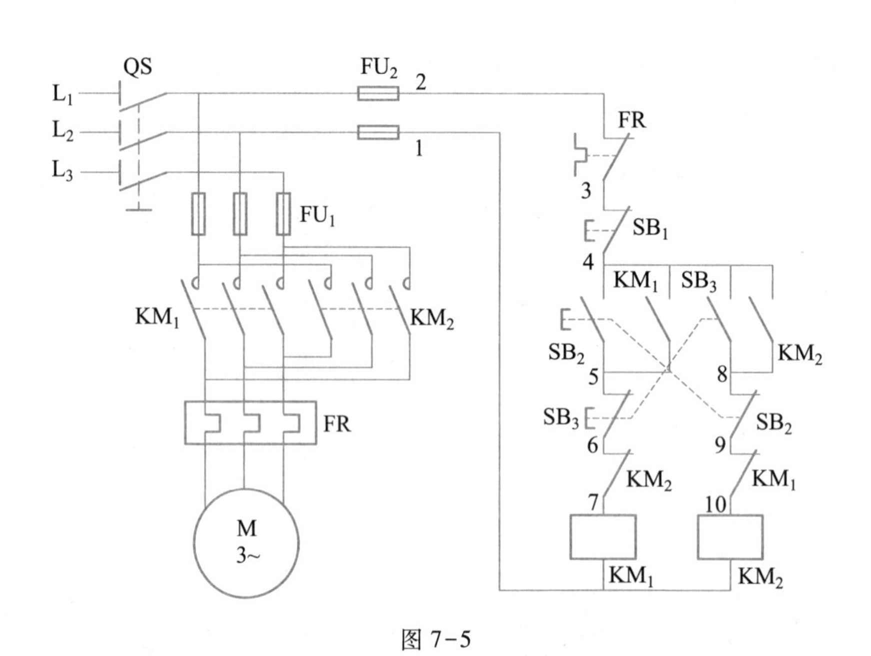

图 7-5

（12）在三相异步电动机正反转控制电路（图 7-5）中，KM_1 和 KM_2 两个接触器在任何时候只能接通其中一个（若同时接通会短路），因此在接通其中一个之后就要设法保证另一个不能接通。这种相互制约的控制称为互锁控制。

训练题

一、想一想（正确的打“√”，错的打“×”）

1. 异步电动机在开始起动的瞬间，定子绕组已接通电源，而转子因惯性仍未转动起来，此

刻 $n=0, s=1$。 (　　)

2. 异步电动机在开始起动的瞬间,因为转子没有转动,所以定子绕组的起动电流为零。

(　　)

3. 异步电动机起动的主要问题是:起动电流大而起动转矩并不大。 (　　)

4. 对异步电动机起动的基本要求是:在保证有足够的起动转矩的前提下尽量减小起动电流,并尽可能采取简单易行的起动方法。 (　　)

5. 一般 100 kW 以下的电动机都允许直接起动。 (　　)

6. 只要电路中有热继电器作保护,就可不要熔断器来保护。 (　　)

7. 交流接触器在电路中具有失电压保护作用。 (　　)

8. 三相异步电动机正反转控制实质是交换三相交流电任意两相。 (　　)

9. 控制电路中的自锁和互锁功能是相同的,都是为了使电路工作稳定。 (　　)

10. 所有电动机正反转控制过程只能是“正转起动运转→停止→反转起动运转”或“反转起动运转→停止→正转起动运转”,不能直接由正转切换到反转。 (　　)

二、填一填

1. 电动机电路通常由________、________、________、________及________组成。

2. 传统的电动机控制系统主要由各种低压电器组成,称为____________控制系统。

3. 异步电动机起动电流可达额定电流的________倍。

4. 三相异步电动机的起动分为________和________。

5. 一般要求三相异步电动机的功率在________以下可采用直接起动。

6. 起动时采用各种方法先降低电动机定子绕组的电压,以减小起动电流,待电动机升速后再加上额定电压运行的起动方式称为________。

7. 接触器动合辅助触点在起动按钮松开后,仍能保持闭合通电,这种功能称为________;具有这种功能的电路称为________电路。

8. 三相异步电动机正反转控制电路中,KM_1 和 KM_2 两个接触器在任何时候只能接通其中一个,因此在接通其中一个之后就要设法保证另一个不能接通,这种相互制约的控制称为________控制。

9. 熔断器在三相异步电动机控制电路中的作用是____________;热继电器的作用是____________。

10. 电动机正反转控制采用的方法是______________________________。

三、综合分析

1. 什么是“自锁”? 在图 7-3 所示电路中,如果没有 KM 的自锁触点会怎么样? 如果自锁触点因熔焊而不能断开又会怎么样?

2. 何谓“互锁”？在控制电路中互锁起什么作用？

3. 在三相异步电动机控制电路中，主电路已装了熔断器进行保护，为什么还要装热继电器？

四、查一查

调查三相交流异步电动机的应用场所。

三相交流异步电动机结构简单、可靠性高、维护方便，被广泛应用于工农业生产和生活。请调查3~5处使用三相交流异步电动机的场所，总结电力是怎样变为动力，从而减小人的劳动，提高生产率的，把总结分享给全班同学。

自测题

1. 试分析图7-6所示电路。

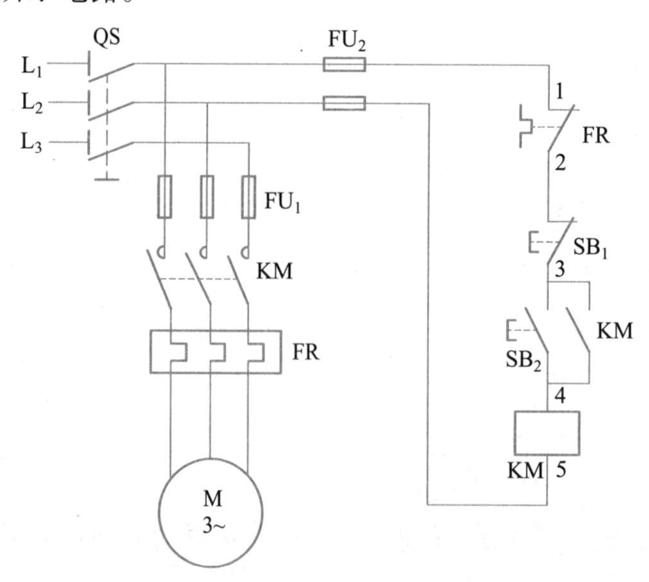

图7-6

(1) 在这个电路中：

QS 是________________；其作用是____________________________；

FU_1 是________________；其作用是____________________________；

FU_2 是________________；其作用是____________________________；

SB_1 是________________；其作用是____________________________；

SB_2 是________________；其作用是____________________________；

KM 是________________；其作用是____________________________；

FR 是________________；其作用是____________________________；

M 是____________________;其作用是____________________________________。

(2) 主电路由____组成;控制电路由____组成;电路中的自锁触点是__________。

(3) 起动控制原理。

(4) 停止控制原理。

(5) 过载保护原理。

2. 试分析图 7-7 所示电路。

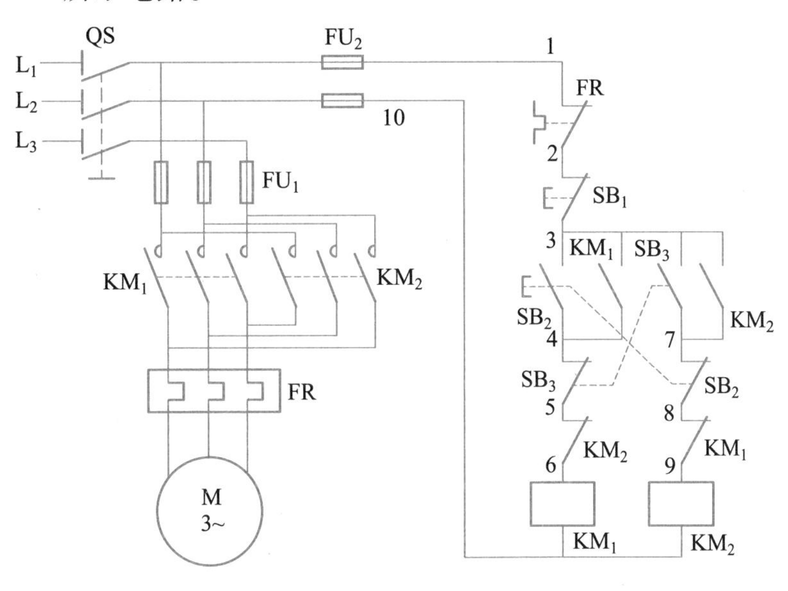

图 7-7

(1) 该控制电路的功能是___________________________。

(2) 若按下 SB_2 电动机正转,则按下 SB_3 电动机会________;按下 SB_1 则电动机会______________________。

(3) 控制电路中触点 KM_2(5-6)、KM_1(8-9)的功能是__________________;按钮动断触点 SB_2(7-8)、SB_3(4-5)的功能是__________________;接触器辅助触点 KM_1(3-4)的功能是__________________;KM_2(3-7)的功能是__________________。

(4) 正转控制原理。

(5) 正转直接到反转控制原理。

(6) 互锁控制原理。

第8章 基本技能训练

学习目标

了解电子实训室的规章制度和操作规程、安全规则；认识实训室的布置，了解实训室电源、仪表、控制开关的种类和位置等。

了解焊接工具和材料的使用，初步掌握基本的焊接要领。

了解低压电源、信号发生器、示波器和晶体管毫伏表等常用电子仪器仪表的基本使用方法。

重难点分析

一、知识框架

- 基本技能训练
  - 实训室认识
    - 实训室规章制度
    - 实训室操作规程
    - 实训室安全规程
    - 实训室的布置
    - 实训室电源、仪表、控制开关的种类和位置
    - 实训室仪器、仪表
  - 技能训练
    - 焊接技术
    - 低压电源的使用方法
    - 信号发生器的使用方法
    - 模块示波器的使用方法
    - 数字示波器的使用方法
    - 晶体管毫伏表的使用方法

二、重点、难点

本章着重学习焊接技术和了解常用电子仪器仪表的基本使用方法。本章的难点是常用电子仪器仪表的使用方法及技巧。

三、学法指导

在学习本章知识时，通过做中教、做中学，直观地学习焊接技术、常用电子仪器仪表的使用方法。

（一）焊接工具和材料的使用

1. 手工焊接工具

电烙铁为常用的手工焊接工具。

2. 五步焊接法

图 8-1 所示为五步焊接法的操作过程。

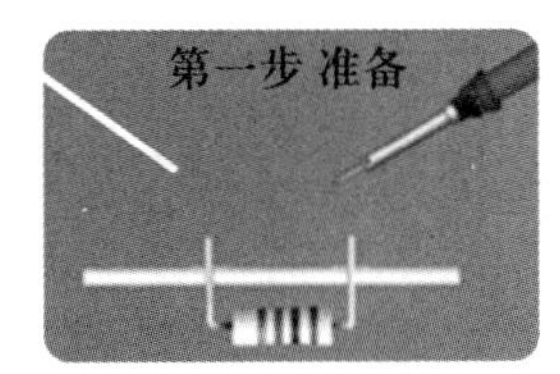

（1）准备。一只手拿焊锡丝，另一只手握电烙铁，看准焊点，随时待焊。

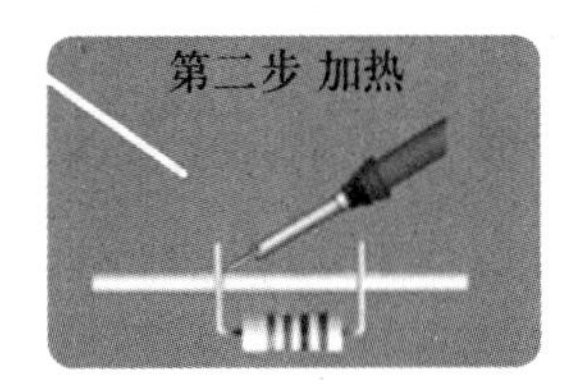

（2）加热。烙铁头先送到焊接处，注意烙铁头应同时接触焊盘和元器件引脚，把热量传送到焊接对象上。

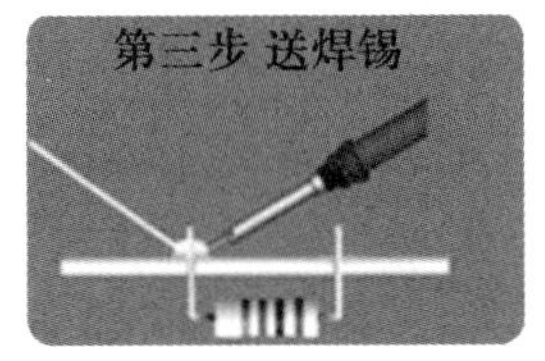

（3）送焊锡。焊盘和引脚被熔化了的助焊剂所浸湿，除掉表面的氧化层，焊料在焊盘和引脚连接处呈锥状，形成理想的无缺陷的焊点。

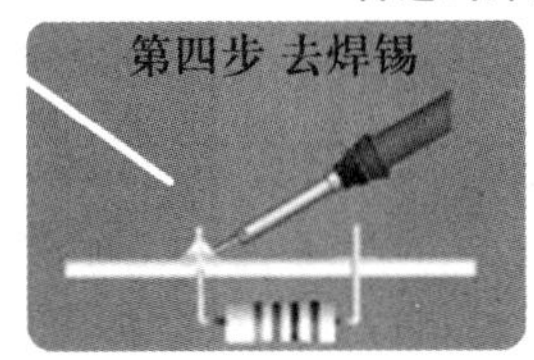

（4）去焊锡。当焊锡丝熔化一定量之后，迅速移开焊锡丝。

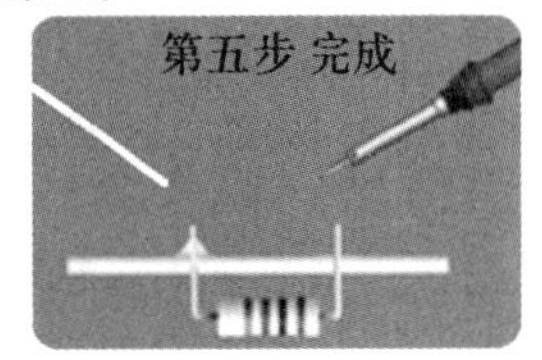

（5）完成。当焊料完全浸润焊点后迅速移开电烙铁。

图 8-1

3. 三步焊接法

（1）准备施焊

（2）加热与加焊料

（3）移开焊锡丝和电烙铁

（二）低压电源的使用

低压电源是将交流市电转换为稳定直流电源的设备。

（三）信号发生器的基本使用

信号发生器用于产生各种波形、各种频率的电信号。

（四）模拟示波器

模拟示波器用于测量信号参数及显示被测信号的波形。

（五）数字示波器的使用

数字示波器比模拟示波器测量的精确度更高，使用更简单、方便。

(六) 晶体管毫伏表的基本使用方法

晶体管毫伏表可以精确地测量交流电压和微弱的高频信号。

晶体管毫伏表的输入阻抗高、工作频率高、输入电容小。

四、典型例题

例 8-1 如图 8-2 所示,示波器的探头衰减开关拨至“×1”位置,扫描旋钮(即扫描时间因数选择旋钮)拨至“0.5 ms/div”,Y 增益(即垂直灵敏度选择旋钮)放在“0.1 V/div”。请计算:(1) 该信号的电压峰-峰值、电压有效值;(2) 该信号的频率。

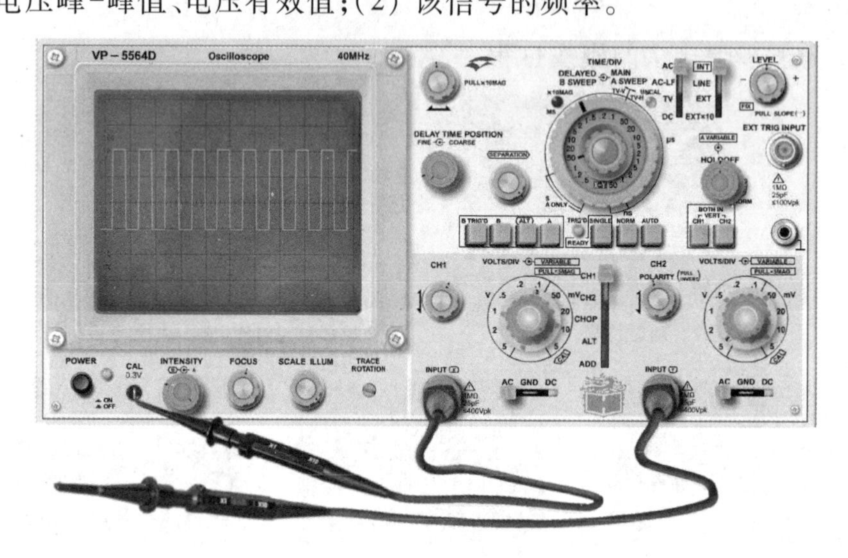

图 8-2

解:观察波形图可知

(1) 该被测信号在垂直方向上所偏移的距离为 3 div,垂直灵敏度开关(VOLTS/div)的指示数为 0.1 V/div,探头衰减开关拨至“×1”位置,则该信号的电压峰-峰值为

$$U_{\mathrm{P-P}}=3\ \mathrm{div}\times0.1\ \mathrm{V/div}\times1=0.3\ \mathrm{V}$$

因为电压峰-峰值为电压有效值的 $2\sqrt{2}$ 倍,所以该信号的电压有效值为

$$U=\frac{U_{\mathrm{P-P}}}{2\sqrt{2}}=\frac{0.3}{2\sqrt{2}}\ \mathrm{V}\approx0.106\ \mathrm{V}$$

(2) 被测信号在水平方向上一个周期所偏移的距离为 1 div,扫描时间因数选择旋钮(TIME/div)的指示数为 0.5 ms/div,所以该信号的周期为

$$T=1\ \mathrm{div}\times0.5\ \mathrm{ms/div}=0.5\ \mathrm{ms}$$

所以该信号的频率为

$$f=\frac{1}{T}=\frac{1}{0.5\ \mathrm{ms}}=2\ \mathrm{kHz}$$

例 8-2 如图 8-3 所示,示波器显示的波形不方便观察波形类型,也不便于测量被测信号

参数,请问如何解决该问题?

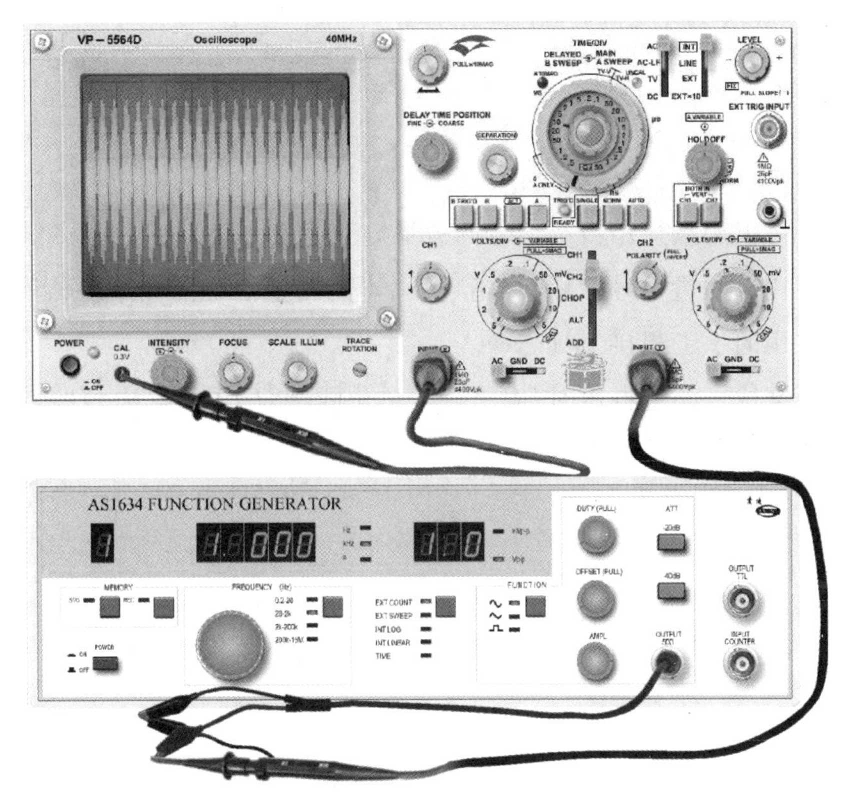

图 8-3

解:观察波形可知,波形在水平方向上显示的波形太密。需要重新调节扫描时间因数选择旋钮,直至在水平方向上显示 1~3 个周期、方便读周期数为宜,如图 8-4 所示。

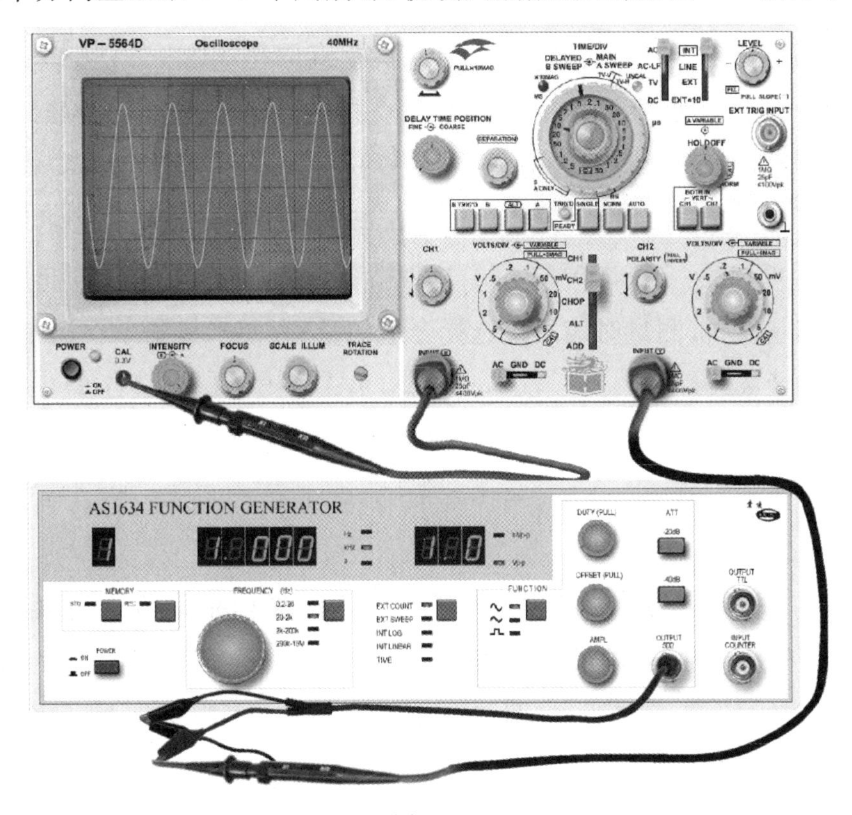

图 8-4

训练题

一、想一想(正确的打"√",错的打"×")

1. 信号发生器可以用来显示被测信号的波形。 (　　)
2. 示波器只能用来测量信号的峰-峰值电压,不能测量信号的频率。 (　　)
3. 电烙铁是常用的手工焊接工具之一。 (　　)
4. 使用晶体管毫伏表测量电压时,应先接低电位线,然后再接高电位线。 (　　)
5. 稳压电源能够提供稳定的直流电压。 (　　)

二、选一选(每题只有一个正确答案)

1. 示波器显示的被测信号波形不稳定时,应该调节(　　)。
A. 水平位移旋钮　　B. 垂直位移旋钮
C. 触发旋钮　　D. 扫描时间因数选择旋钮
2. 示波器显示的被测信号波形幅度太小时,应该调节(　　)。
A. 水平位移旋钮　　B. 垂直位移旋钮
C. 垂直衰减开关　　D. 扫描时间因数选择旋钮
3. 示波器显示的被测信号波形太密时,应该调节(　　)。
A. 水平位移旋钮　　B. 垂直位移旋钮
C. 触发旋钮　　D. 扫描时间因数选择旋钮
4. 使用晶体管毫伏表测量电压时应先接(　　)。
A. 高电位线　　B. 低电位线
C. 高电位或低电位线　　D. 以上都不对
5. 为了减小测量误差,测量时应通过选择合适的量程,使指针指示在满刻度线(　　)。
A. 1/8 以上的区域最好　　B. 1/3 以上的区域最好
C. 1/3 以下的区域最好　　D. 1/8 以下的区域最好

三、填一填

1. ________________是手工焊接的基本工具,它的作用是把适当的热量传送到焊接部位,以便熔化焊料,使焊料和被焊金属连接起来。
2. 示波器显示的波形不稳定时,应调节________________旋钮。
3. 示波器显示的波形模糊时,应调节________________旋钮。
4. ________的输入阻抗高、工作频率高、输入电容小,适合用于精确地测量交流电压和微弱的高频信号。

5. 使用晶体管毫伏表测量电压时应先接________线,然后再接________线。测量结束后,应先取下________线,然后再取下________线,这样可以避免因交流感应而把表针打弯。

四、分析计算

1. 如图 8-5 所示,示波器显示的波形不方便观察波形类型,也不便于测量被测信号参数,请问如何解决该问题?

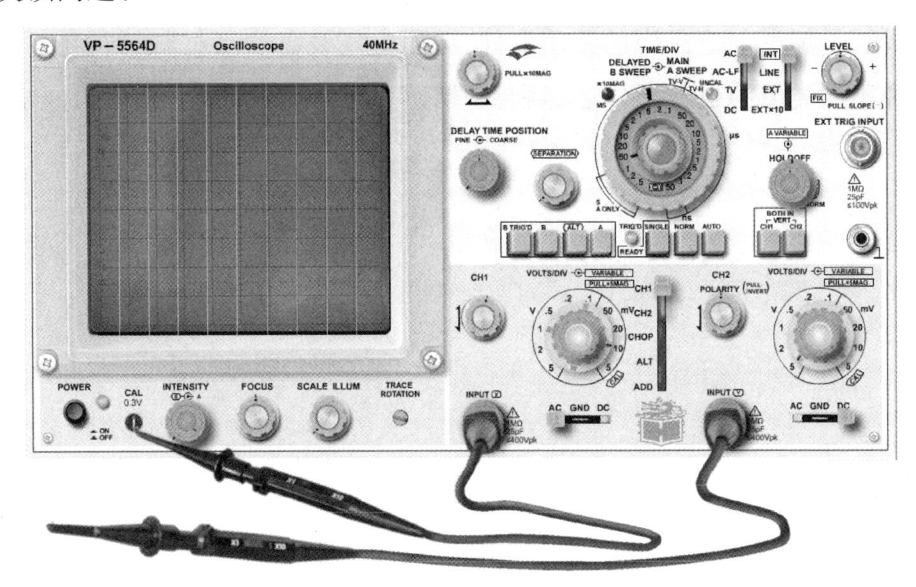

图 8-5

2. 如图 8-6 所示,示波器的探头衰减开关拨至“×1”位置,扫描旋钮(即扫描时间因数选择旋钮)拨至“0.5 ms/div”,Y 增益(即垂直灵敏度选择旋钮)打在“0.1 V/div”,请据图回答:

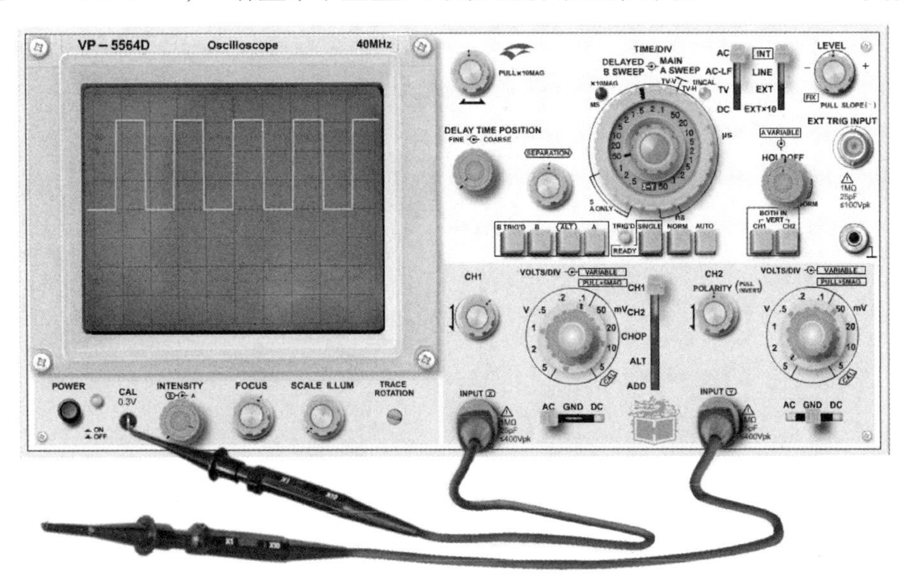

图 8-6

(1) 该信号的波形类型为________________。

(2) 该信号的电压峰-峰值是________________,电压有效值为________________。

(3) 该信号的频率为________________。

五、查一查

调查新器件、新材料在电气设备中的使用情况。

新材料、新发明、新创造不断推进科技进步,我国发明专利申请量已位居全球第一。请前往本地机电市场,了解电气产品中的常用器件,调研电气设备中新材料、新器件的使用情况,统计不少于 10 种不同类型的电气元件名称和型号,感受万千科技之美,分享给同学们。

第 9 章

常用半导体器件

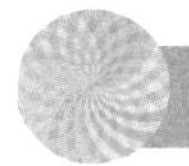

学习目标

了解二极管的结构、符号、特性和主要参数。会识别引脚，并合理使用。

会识别硅稳压二极管、发光二极管、光电二极管、变容二极管等典型二极管，了解其实际应用。

了解三极管的结构、符号、特性和主要参数；会识别引脚，并合理使用。

了解晶闸管的结构、符号、特性和主要参数，会识别引脚，并合理使用。

会用万用表判别二极管的极性和好坏。

会用万用表判别三极管的类型和引脚及三极管的好坏。

会用万用表判别晶闸管的极性和好坏。

重难点分析

一、知识框架

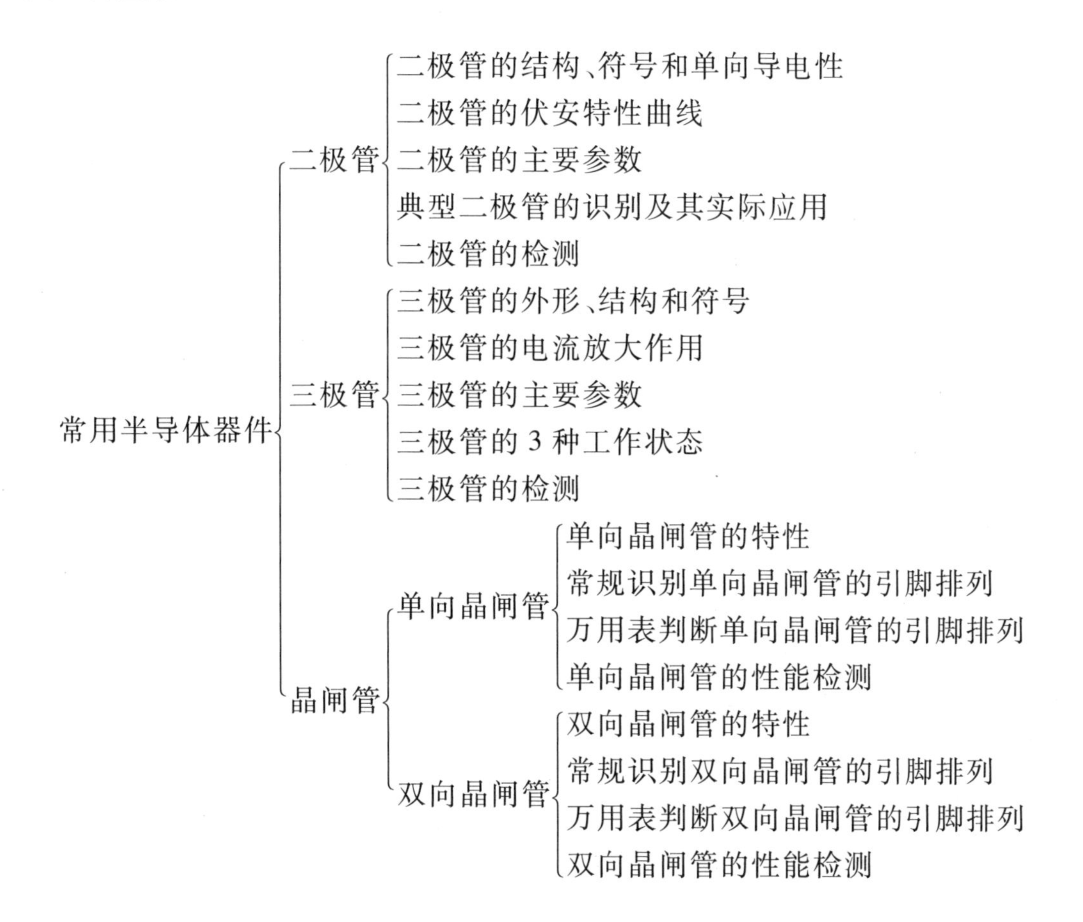

二、重点、难点

本章着重学习常用半导体器件的结构、符号、特性和主要参数。本章的难点是会识别常用半导体器件的引脚,并合理使用。

三、学法指导

在学习本章知识时,主要通过技术应用了解常用半导体器件在实际生产和生活中的应用,了解常用仪器仪表的使用;通过演示实验或多媒体视频来学习电子元器件的性能检测。

(一) 二极管

1. 二极管的结构与电路符号

从PN结的P区和N区分别引出两根金属引脚,再用塑料、玻璃或者金属把PN结封装起来,就构成二极管。

2. 二极管的特性

二极管加正向电压时导通,加反向电压时截止的特性,称为单向导电性。

3. 二极管的参数

最大整流电流 I_{FM};最高反向工作电压 U_{RM};反向饱和电流 I_R。

(二) 三极管

1. 三极管的结构

(1) 组合方式

三极管按内部结构的不同可分为NPN型和PNP型。

(2) 内部结构

① 两个PN结:发射结、集电结。

② 3个区域:发射区——发射载流子;基区——传输载流子;集电区——收集载流子。

③ 3个电极:发射极(E)、基极(B)、集电极(C)。

2. 三极管的电流分配与放大作用

(1) 放大条件

发射结加正向电压,集电结加反向电压。

(2) 电流分配关系

$I_E=I_B+I_C=(1+\beta)I_B \quad I_C=\beta I_B$

(3) 三极管的电流放大作用

I_B 有一微小变化,就能引起 I_C 很大变化。

3. 三极管的3种工作状态

(1) 放大状态

① 三极管工作在放大状态的条件:发射结正向偏置,集电结反向偏置。

② 电流、电压关系：$\Delta I_C=\beta\cdot\Delta I_B$，$I_E=I_C+I_B=(1+\beta)I_B$，$U_{CE}=U_{CC}-I_CR_C$。

③ 特点：集电极电流受基极电流控制。基极电流的微小变化引起集电极电流的较大变化。体现了三极管的电流放大作用。

④ 电位值分布：NPN 型管 $V_C>V_B>V_E$；PNP 型管 $V_C<V_B<V_E$。

(2) 饱和状态

① 三极管工作在饱和状态的条件：发射结正向偏置，集电结正向偏置。

② 电流、电压关系为：$U_{CE}\approx0.1\sim0.3$ V，$I_C=\dfrac{U_{CC}-U_{CE}}{R_C}\approx\dfrac{U_{CC}}{R_C}$。

③ 特点：集电极电流不随基极电流的增加而增加。三极管集电极和发射极之间相当于开关闭合。

④ 电位值分布：NPN 型管 $V_B>V_C>V_E$；PNP 型管 $V_B<V_C<V_E$。

(3) 截止状态

① 截止状态条件：发射结和集电结均反偏。

② 电流、电压关系：$I_C=0$，$I_B=0$，$U_{CE}=U_{CC}$。

③ 特点：基极电流和集电极电流为零。三极管集电极和发射极之间相当于开关断开。

④ 电位值分布：NPN 型管 $V_C>V_E>V_B$；PNP 型管 $V_C<V_E<V_B$。

综上所述，三极管工作于放大状态时，具有电流放大作用；工作于截止状态时，相当于开关断开；工作于饱和状态时，相当于开关闭合。通过改变基极偏置电阻 R_B 的阻值大小，可以使三极管在放大区、截止区和饱和区之间自由转换。

4. 三极管的主要参数

(1) 直流参数

直流电流放大系数 $\overline{\beta}$、集-射反向饱和电流（即穿透电流）I_{CEO}、集-基反向饱和电流 I_{CBO}。

(2) 交流参数

交流电流放大系数 β。

(3) 极限参数

集电极最大允许电流 I_{CM}、集电极最大允许耗散功率 P_{CM}、基极开路时集-射反向击穿电压 $U_{(BR)CEO}$。

5. 三极管的选用

在工程中一般选用 I_{CEO} 较小而 β 值适中的三极管。

(三) 单向晶闸管

1. 单向晶闸管的结构

晶闸管是由 PNPN 4 层半导体构成，从最外层 P 型区引出的引脚称为阳极（A），从最外层 N 型区引出的引脚称为阴极（K），从中间 P 型区引出的引脚称为控制极（G）。

2. 单向晶闸管的特性

(1) 触发导通

单向晶闸管是一个受控制的二极管,除了应具有正向偏置电压外,还必须给控制极加一个足够大的控制电压,晶闸管才会触发导通。

(2) 维持导通

一旦晶闸管触发导通,控制电压即使取消,晶闸管仍然维持导通。

(3) 阻断

晶闸管导通后若阳极电流小于某一个很小的电流(称为维持电流 I_H)时,晶闸管就会由导通变为阻断。亦可使阳极和阴极间电压为零或加反向电压,使晶闸管由导通变为阻断。

3. 单向晶闸管的特点

单向晶闸管是一个可控的单向导电开关。

阻断→导通的条件:阳极和控制极相对于阴极的电压同为正偏电压,即 $U_{AK}>0$、$U_{GK}>0$。

导通→阻断的条件:$I_A<I_H$ 或 $U_{AK}\leq 0$。

触发导通后控制极失去控制作用。

(四) 双向晶闸管

1. 双向晶闸管的结构

双向晶闸管是一种半导体三端器件,它具有相当于两个单向晶闸管反向并联工作的作用。

2. 双向晶闸管的导电特性

在双向晶闸管第一主电极和第二主电极之间加上合适的工作电压后,若控制极加触发信号,双向晶闸管导通。触发脉冲极性改变时,就可以控制其导通电流的方向。加在控制极 G 上的触发脉冲的大小或时间改变时,就能改变其导通电流的大小。

3. 双向晶闸管的特点

可控的双向导电开关。

阻断→导通的条件:第二主电极(T_2)和控制极(G)相对于第一主电极(T_1)的电压同为正或同为负(即 $U_{T_2T_1}$ 和 U_{GT_1} 同为正偏或反偏)。

导通→阻断的条件:$I_{T_2T_1}<I_H$ 或 $U_{T_2T_1}=0$。

导通后控制极失去控制作用。

四、典型例题

例 9-1 万用表拨至 $R\times 1\text{k}$ 挡,调零。测量一只二极管的正向电阻为 1 kΩ,反向电阻约为∞。请判断该二极管的好坏。

解:该二极管性能良好。因为该二极管的正向电阻很小,为 1 kΩ,反向电阻很大,约为∞,其正、反向电阻差别非常大,故单向导电性能良好。

例 9-2 万用表拨至 $R\times 1\text{k}$ 挡,调零。测量三极管集电极和发射极之间的电阻为零。请判断该三极管的好坏。

解:该三极管已经损坏,其集电极和发射极击穿短路。

训练题

一、想一想(正确的打“√”,错的打“×”)

1. 二极管内部是一个 PN 结。 ( )
2. 二极管加正向电压导通,加反向电压截止。 ( )
3. 三极管处于放大状态时,发射结和集电结均正偏。 ( )
4. 只要给晶闸管加触发电压,晶闸管就一定能触发导通。 ( )
5. 改变双向晶闸管触发电压的极性就能改变其导通方向。 ( )

二、选一选(每题只有一个正确答案)

1. 将光信号转变为电信号应该选用( )。

A. 整流二极管　B. 光电二极管　C. 变容二极管　D. 检波二极管

2. 将交流电转变为脉动直流电应该选用( )。

A. 整流二极管　B. 光电二极管　C. 变容二极管　D. 检波二极管

3. 对信号进行放大,三极管应该工作在( )。

A. 饱和区　B. 截止区　C. 放大区　D. 饱和区和截止区

4. 把三极管作为开关来使用时,三极管应该工作于( )。

A. 饱和区　B. 截止区　C. 放大区　D. 饱和区和截止区

5. 硅材料三极管工作于放大状态时,其发射结电压为( )。

A. 0.6~0.7 V　B. 0.2~0.3 V　C. 3~4 V　D. 以上都不对

6. 用指针式万用表判别某二极管,测得正反向电阻相差很大,那么测得电阻较小的那一次,黑表笔与二极管相连的一端是( )。

A. 正极　B. 负极　C. 不确定　D. 无法判断

三、填一填

1. 二极管加正偏电压导通,加反偏电压截止,这个特性称为________。
2. 三极管工作于放大状态的条件:发射结________偏置,集电结________偏置。
3. 三极管工作于饱和状态的条件:发射结________偏置,集电结________偏置。
4. 三极管工作于截止状态时基极电流和集电极电流为________。三极管集电极和发射极之间相当于开关________。

5. 在单向晶闸管的阳极和阴极之间加上正向电压，晶闸管由阻断状态变为导通状态，加在控制极上的最小正向电压称为________。

6. 使用万用表 $R\times1$ k 挡分别测量二极管正向和反向阻值，两次观测的阻值相差________，二极管的质量越好。

四、查一查

调查电子信息行业新器件、新材料。

电子信息产业是制造强国和网络强国建设的重要保障，我国在5G通信、量子计算方面处于世界领先地位，但芯片制造、物联网等与国际前沿水平还有差距。请前往本地电子元器件市场，了解电子产品中常用的元器件，调研电子信息产业中的新器件、新材料，统计不少于50种不同类型的电子元器件名称和型号，感受电子信息产业发展现状，分享给同学们。

自测题

一、判断题

1. 二极管正向电阻值和反向电阻值差别越大说明其单向导电性越好。（ ）
2. 工程中应选用放大系数合适、漏电流小的三极管。（ ）
3. 三极管两个PN结均反偏，说明三极管工作于饱和状态。（ ）
4. 三极管集-射电压为0.1~0.3 V，说明其工作于放大状态。（ ）
5. 三极管集-射电压约为电源电压，说明其工作于截止状态。（ ）
6. 三极管3个电极的电流关系满足 $I_C=I_B+I_E$。（ ）

二、选择题

1. 硅二极管正向导通后，其管压降约为（ ）。

A. 1 V　　B. 2 V　　C. 0.7 V　　D. 以上都不对

2. 锗三极管工作在放大区时，其发射结电压约为（ ）。

A. 1 V　　B. 0.3 V　　C. 0.7 V　　D. 以上都不对

3. 光电二极管正常工作需要工作于（ ）。

A. 正向偏置　　B. 反向偏置　　C. 正偏或反偏　　D. 以上都不对

4. 发光二极管正常工作需要工作于（ ）。

A. 正向偏置　　B. 反向偏置　　C. 正偏或反偏　　D. 以上都不对

5. 单向晶闸管要触发导通，必须使控制极和阳极相对于阴极均为（ ）。

A. 正向偏置　　B. 反向偏置　　C. 正偏或反偏　　D. 以上都不对

三、填空题

1. NPN 型三极管工作于放大状态时其三只管脚的电位值分布为________。
2. 三极管工作于截止状态时相当于开关________。
3. 三极管工作于饱和状态时相当于开关________。
4. 三极管饱和导通时，其集-射电压约为________。
5. 晶闸管触发导通后相当于开关________。
6. 二极管由 P 区引出的电极为________。

第 10 章

整流、滤波及稳压电路

学习目标

了解桥式整流电路工作原理,通过查阅资料等方式,能列举出桥式整流电路在电子电器或设备中的应用。

会识读电容滤波、电感滤波、复式滤波电路图,了解滤波电路的工作原理。

了解晶闸管单向可控整流电路的原理。

会识读集成稳压电源电路图,了解集成稳压电源的实际应用。

了解开关稳压电源的主要特点。

会正确搭接桥式整流电路,会用万用表测量相关电量,用示波器观察波形。

会制作家用调光台灯电路。

重难点分析

一、知识框架

- 整流、滤波及稳压电路
  - 整流电路
    - 桥式整流电路的工作原理
    - 桥式整流电路的安装、调试
    - 桥式整流电路的应用及测量
    - 可控整流电路的结构及工作原理
    - 制作家用调光台灯电路
  - 滤波电路
    - 电容滤波电路的结构及工作原理
    - 电感滤波电路的结构及工作原理
    - 复式滤波电路的结构及工作原理
    - 滤波电路的测量
    - 各种滤波电路的应用场合
  - 稳压电路
    - 二极管并联型稳压电路的结构及工作原理
    - 串联型稳压电路
    - 固定输出式三端集成稳压电路的结构及实际应用
    - 可调式三端集成稳压电路的结构及实际应用
    - 开关稳压电源的主要特点

二、重点、难点

本章着重学习整流电路、滤波电路、可控整流电路、调光台灯电路和稳压电源电路。本章的难点是整流滤波电路。

三、学法指导

在学习本章知识时，主要通过正确搭接各种电路，了解其工作原理，会测量相关电量，会观察电路中相关点的工作波形，了解各电路的实际应用。

（一）整流电路

1. 整流电路功能与类型

（1）功能　利用二极管的单向导电性将交流电转换成脉动直流电。

（2）类型　单相半波整流电路、单相桥式整流电路。

2. 桥式整流电路

（1）电路组成　由整流电桥（4 只二极管）、电源变压器和负载电阻所构成，如图 10-1 所示。

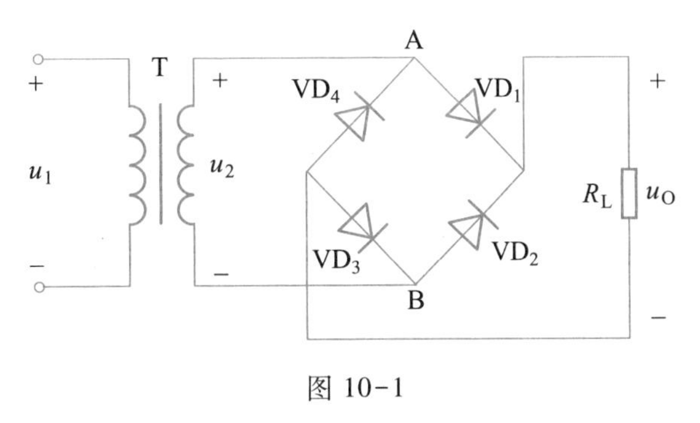

图 10-1

（2）整流原理　根据整流二极管的单向导电作用及输入交流电压的瞬时极性可分析出导电回路。

① 输入交流电压正半周时，二极管 VD_1、VD_3获得正向电压而导通，二极管 VD_2、VD_4获得反向电压而截止。

② 输入交流电压负半周时，二极管 VD_2、VD_4获得正向电压而导通，二极管 VD_1、VD_3获得反向电压而截止。

（3）负载上的直流电压和电流　$U_O=0.9U_2, I_O=\dfrac{U_O}{R_L}$。

（4）整流二极管的选择　$U_{RM}\geqslant\sqrt{2}U_2, I_{FM}\geqslant\dfrac{1}{2}I_O$。

（5）变压器的选择　$U_2=\dfrac{U_O}{0.9}, n=\dfrac{U_1}{U_2}=\dfrac{N_1}{N_2}, P>U_OI_O$。

3. 桥式整流电路的特点

输出电压脉动小；每只整流二极管承受的最大反向电压较小；变压器的利用效率高。

(二) 晶闸管单向可控整流电路

1. 半波可控整流电路

电路如图 10-2 所示,整流波形如图 10-3 所示。

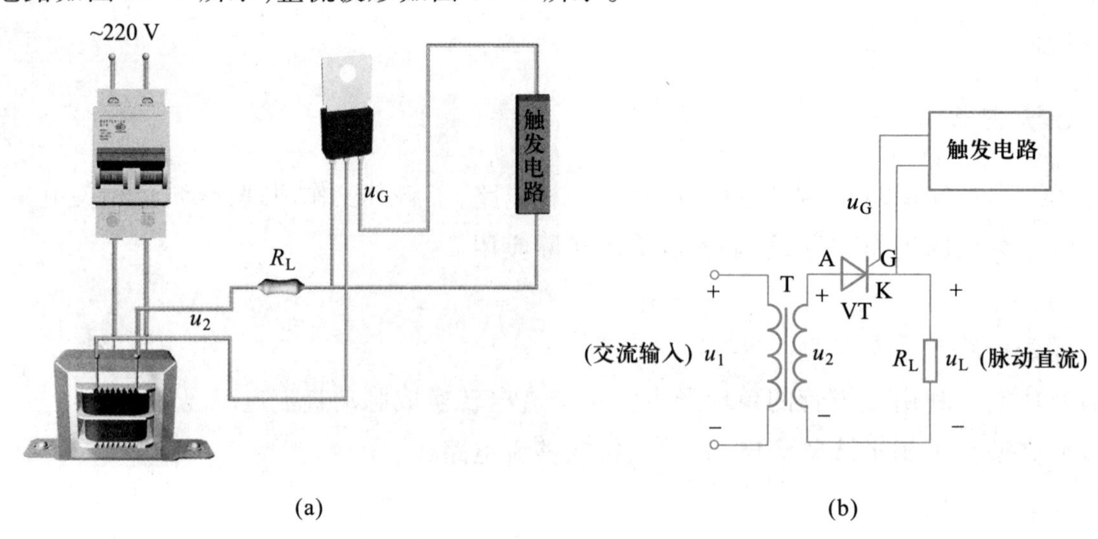

图 10-2

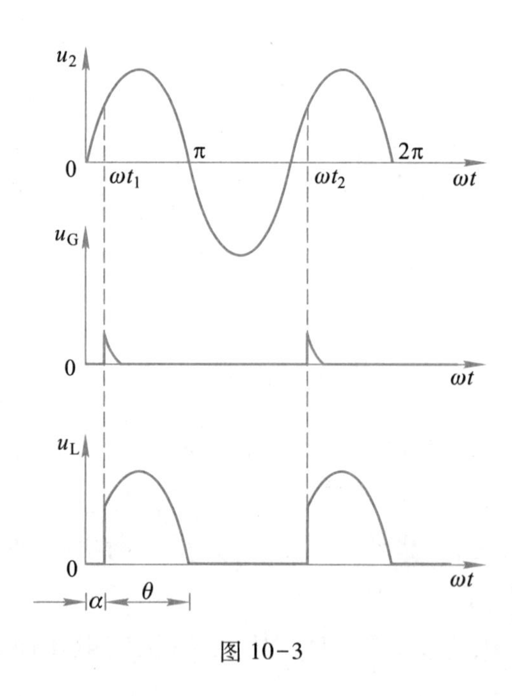

图 10-3

(1) 控制角 晶闸管在正向阳极电压作用下不导通的角度,用 α 表示。

(2) 导通角 晶闸管导通时间对应的电角度,用 θ 表示。

$$\alpha+\theta=\pi$$

(3) 整流原理 晶闸管承受正向阳极电压 u_{AK},再加入正向触发电压 u_G 就导通。改变触发信号的电角度 α 的大小,就可以调节输出直流电压的大小,故称为可控整流。

(4) 输出电压平均值 $U_L=0.45U_2\dfrac{1+\cos\alpha}{2}$。

2. 桥式可控整流电路

电路如图 10-4 所示，整流波形如图 10-5 所示。

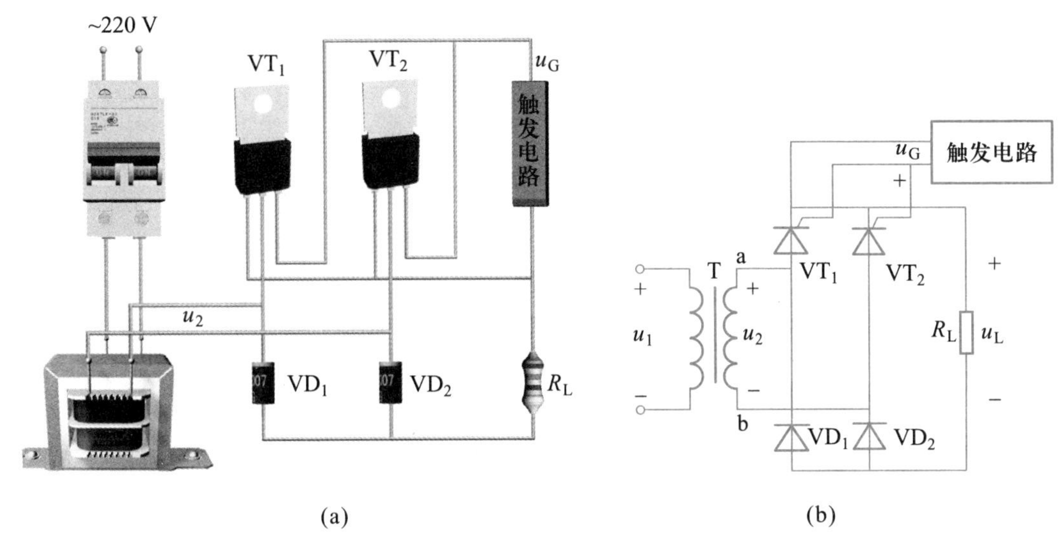

(a) (b)

图 10-4

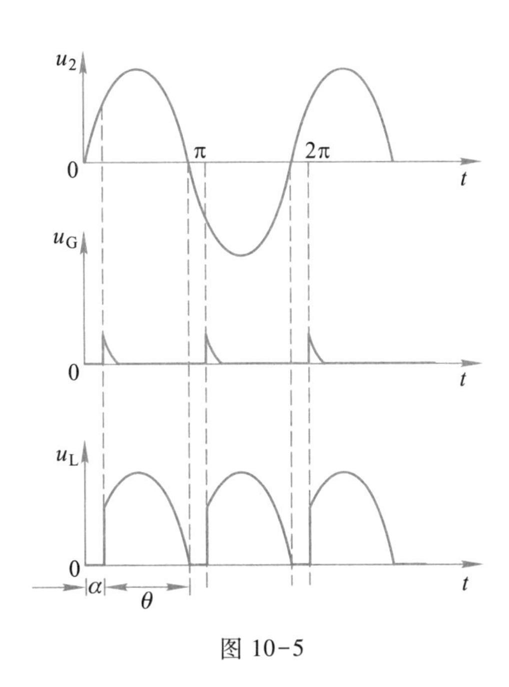

图 10-5

（1）整流原理

在 u_2 为正半周时，晶闸管 VT_1 承受正向阳极电压。只要正向触发电压 u_G 到来，晶闸管 VT_1 就导通，电流通过 VT_1、R_L、VD_2 形成回路，负载 R_L 上得到极性为上正下负的电压。

在 u_2 为负半周时，晶闸管 VT_2 承受正向阳极电压。只要正向触发电压 u_G 到来，晶闸管 VT_2 就导通，电流通过 VT_2、R_L、VD_1 形成回路，负载 R_L 上得到极性为上正下负的电压。

（2）输出电压平均值 $U_L=\frac{1+\cos\alpha}{2}\times 0.9U_2$。

（三）滤波电路

1. 滤波电路功能与类型

（1）功能　把脉动直流电中的交流成分滤除，使负载两端得到较为平滑的直流电。

（2）类型　电容滤波器、电感滤波器、复式滤波器（L形、$LC-\pi$形、$RC-\pi$形）。

2. 电容滤波器

（1）电路组成　用一个大容量的电容与负载并联，如图10-6所示。

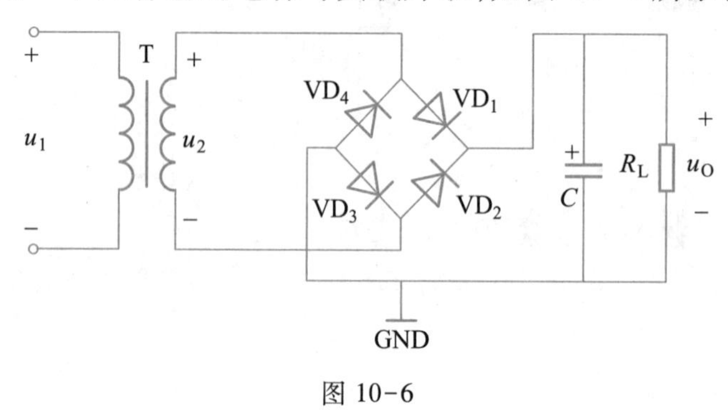

图 10-6

（2）滤波原理　整流电路的二极管导通时，一部分电流流经负载，另一部分电流流入滤波电容使其充电。二极管截止时，电容向负载放电。由于滤波电容的充放电作用，负载电流不会中断，因此负载上电压的脉动程度减少，比不加滤波电容时平滑很多。

（3）输出电压的估算　$U_0=1.2U_2$。若整流电路不接负载，接滤波电容时的输出电压 $U_0=\sqrt{2}U_2$。

（4）电路特点　电容滤波电路负载不能过大，不能向负载提供较大的电流。桥式整流电容滤波电路中的滤波电容容量越大，输出的直流电压越平滑。

3. 电感滤波电路

（1）电路组成　电感 L 与负载串联，如图10-7所示。

（2）滤波原理　利用流过电感线圈的电流不能突变的特点，将电感线圈与负载电阻串联，以达到使输出波形基本平滑的目的。

（3）电感滤波电路的特点　适用于负载电流要求较大且负载变化大的场合。一般情况下，电感值 L 越大，滤波效果越好。但电感的体积和重量变大、成本上升，且输出电压会下降，所以滤波电感常取几亨到几十亨。

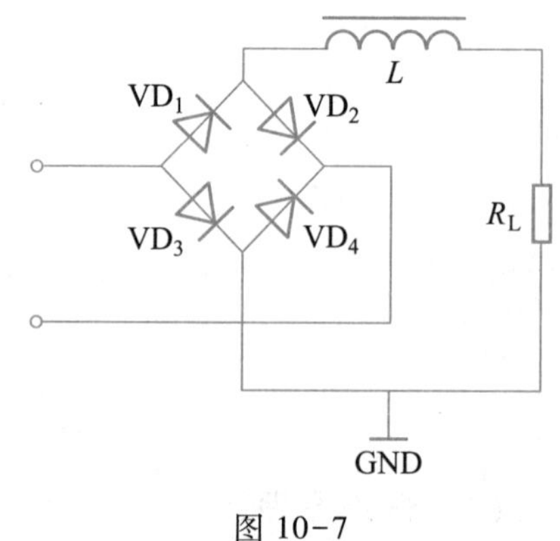

图 10-7

4. 复式滤波器

为获得更好的滤波效果，可把电容滤波器与电感滤波器组合起来，就构成了L形滤波器、$LC-\pi$形滤波器，如图10-8所示。

由于电感的线圈绕制不方便、铁心重量大，所以在直流负载电流较小时，可以用电阻代替

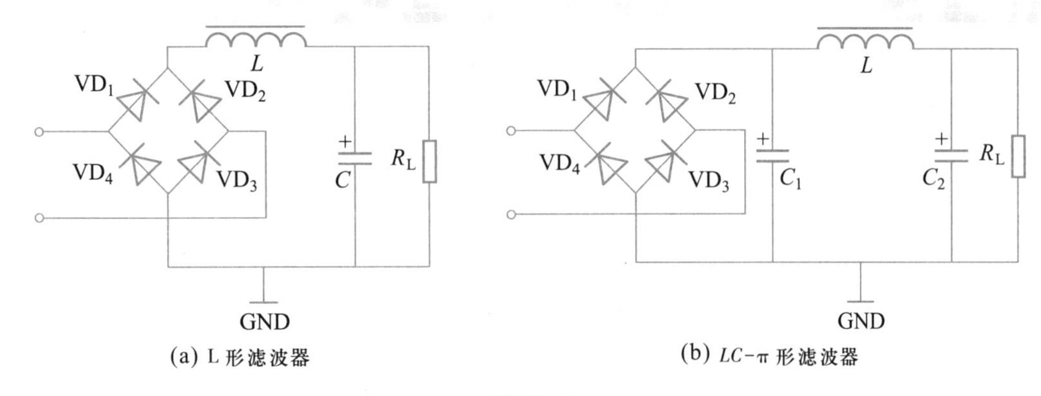

(a) L 形滤波器　　(b) $LC-\pi$ 形滤波器

图 10-8

电感组成 $RC-\pi$ 形滤波器，如图 10-9 所示。

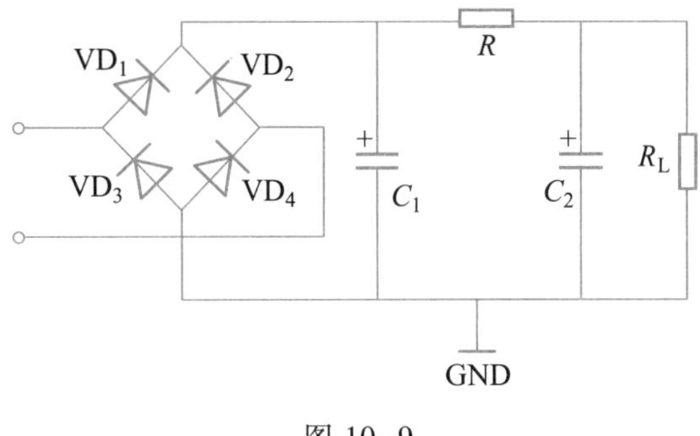

图 10-9

（四）稳压电路

1. 稳压电路的功能

稳压电路能为各类电路及负载提供较为稳定的直流工作电压。

2. 稳压电路的分类

（1）按使用元器件　可分为分立元器件直流稳压电路、集成直流稳压电路。

（2）按电路结构　可分为并联型直流稳压电路、串联型直流稳压电路。

（3）按工作方式　可分为线性直流稳压电路、开关稳压电路。

3. 并联型稳压电路

（1）电路构成　并联型稳压电路构成如图 10-10 所示，限流电阻 R 与负载电阻 R_L 串联，稳压二极管 VZ 与负载电阻 R_L 并联。稳压二极管 VZ 利用其反向击穿工作特性来稳定输出电压，电阻 R 起限流和分压作用。

（2）稳压原理　$U_I\uparrow$（或 $R_L\uparrow$）$\rightarrow U_O\uparrow\rightarrow I_Z\uparrow\rightarrow I\uparrow\rightarrow U_R\uparrow\rightarrow U_O\downarrow$

4. 串联型稳压电路

（1）电路组成

图 10-11 所示为串联型稳压电路，由于调整管 VT 与负载电阻 R_L 为串联连接，故名串联稳压电路。

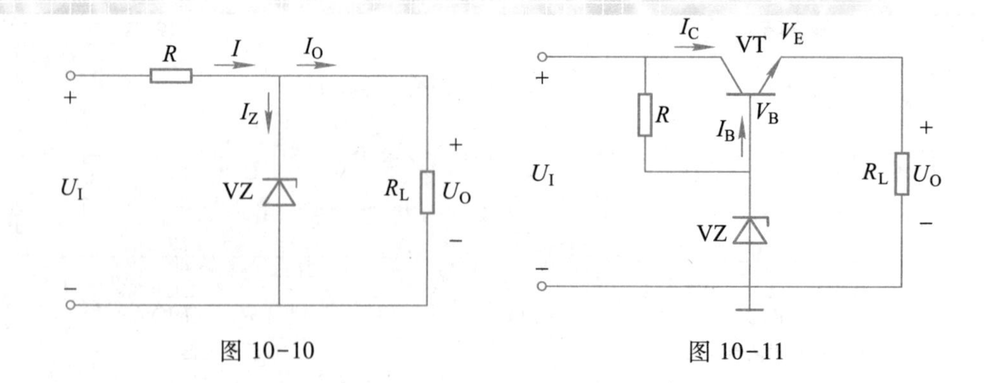

图 10-10　　图 10-11

（2）稳压原理

当输入电压升高或负载电阻增大而使输出电压 U_O 升高时，相当于电源调整管 VT 的发射极电位 V_E 升高，而 VT 的基极电位 V_B 恒定不变，引起调整管的 $U_{BE}(=V_B-V_E)$ 减小，从而引起电流 I_B、I_C 减小，最终引起输出电压 $U_O\downarrow(\approx I_C R_L)$ 降低，实现稳压的目的。

稳压过程：$U_I\uparrow$（或 $R_L\uparrow$）$\rightarrow U_O\uparrow\rightarrow V_E\uparrow\rightarrow U_{BE}\downarrow\rightarrow I_B\downarrow\rightarrow I_C\downarrow\rightarrow U_O\downarrow$。

5. 集成稳压器

（1）集成稳压器的内部结构

集成稳压器其内部电路与分立元器件串联稳压电路相似，包括取样、基准、比较放大和调整等单元电路，不同之处在于增加了过热、过电流保护电路。

（2）类型

按输出电压是否可调整可分为固定式和可调式两大类。

按输出电压的极性可分为正电压输出和负电压输出两大类。

（3）集成稳压器的应用

应用电路中，通常集成稳压器输入电压选择比输出电压高 2~3 V。

① 正电压输出的三端集成稳压器，其应用电路如图 10-12 所示。

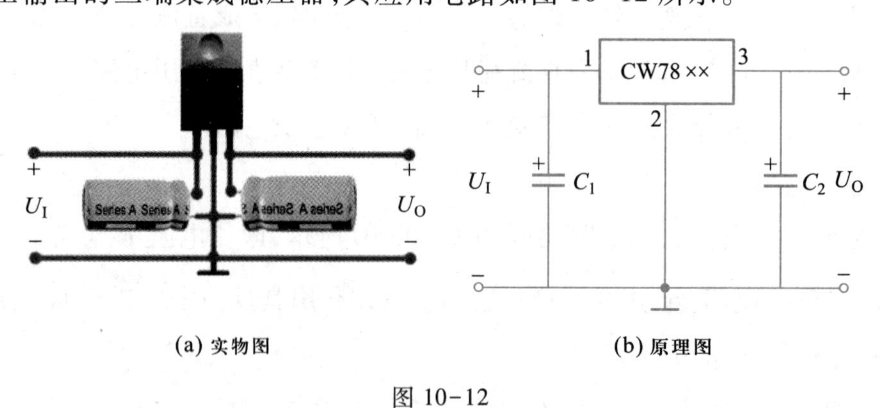

(a) 实物图　　(b) 原理图

图 10-12

② 负电压输出的三端集成稳压器，其应用电路如图 10-13 所示。

③ 正电压输出的可调式集成稳压器。图 10-14 所示即为正电压输出的可调式集成稳压器。

④ 负电压输出的可调式集成稳压器。图 10-15 所示即为负电压输出的可调式集成稳压器。

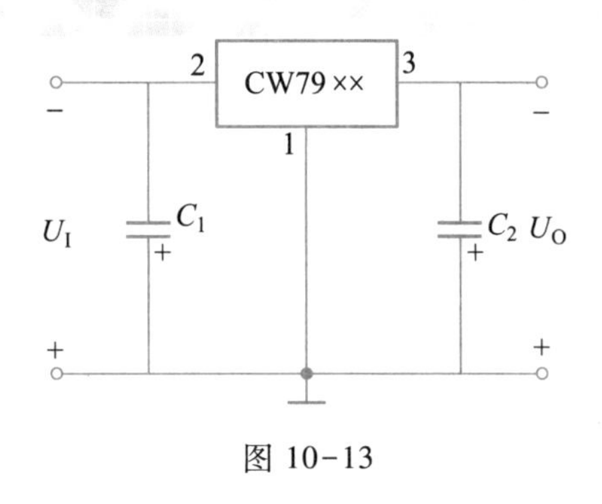

图 10-13

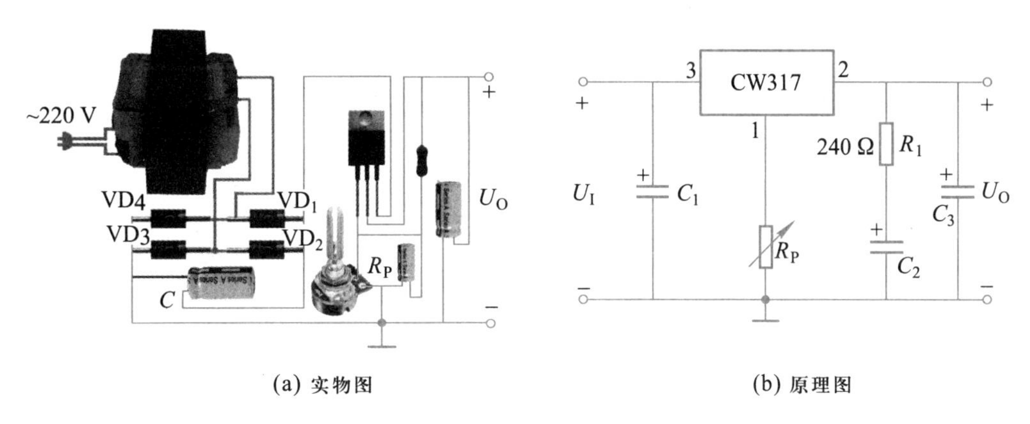

(a) 实物图 (b) 原理图

图 10-14

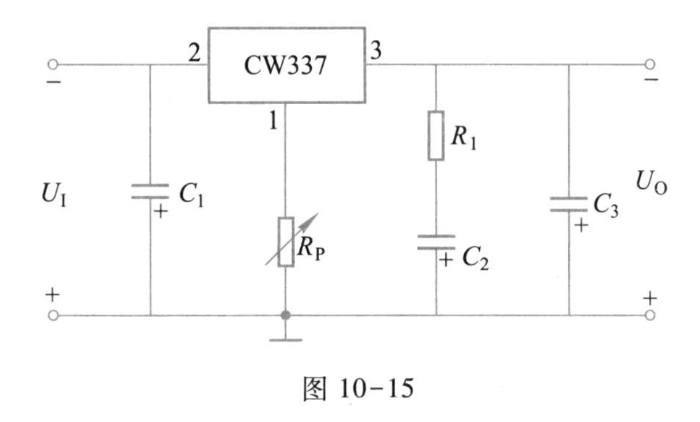

图 10-15

6. 开关稳压电源

(1) 开关稳压电源的组成　主要由取样、基准、误差放大、脉宽调制、开关调整、滤波电路 6 部分组成。

(2) 稳压原理　将整流电路输出的脉动直流电通过半导体开关器件(电源调整管)转换为高频脉冲电压,经整流滤波和稳压电路输出稳定的直流电压。

(3) 开关稳压电源的特点　开关稳压电源调整管工作在开关状态,因而功耗低、电路效率高、体积小、重量轻,广泛应用在彩电、计算机等设备上。

四、典型例题

例 10-1　已知一个桥式整流电路中,输出电压 $U_O = 18$ V,负载电阻 $R_L = 180$ Ω。求变压

器二次电压 U_2 和负载电流 I_O。

解：(1) 因为 $U_O=0.9\ U_2$

所以 $U_2=\frac{U_O}{0.9}=\frac{18}{0.9}\ \text{V}=20\ \text{V}$

(2) 因为 $I_O=\frac{U_O}{R_L}$

所以 $I_O=\frac{18}{180}\ \text{A}=0.1\ \text{A}$

例 10-2 某电气设备采用桥式整流电路为负载提供直流电压，负载工作电压 U_O 为 3 V，负载工作电流 I_O 为 3 mA，试求：负载电阻 R_L，整流二极管参数，变压器一次绕组与二次绕组匝数比 n。

解：由所需的电压和电流，计算出负载电阻为

$$R_L=\frac{U_O}{I_O}=\frac{3}{0.003}\ \Omega=1\ \text{k}\Omega$$

变压器二次电压为

$$U_2=\frac{U_O}{0.9}=\frac{3}{0.9}\ \text{V}\approx 3.3\ \text{V}$$

二极管承受反向电压最大值为

$$U_{RM}=\sqrt{2}\,U_2=\sqrt{2}\times 3.3\ \text{V}\approx 4.7\ \text{V}$$

二极管平均电流为

$$I_{VD}=\frac{1}{2}I_O=\frac{1}{2}\times 0.003\ \text{A}=0.001\ 5\ \text{A}=1.5\ \text{mA}$$

可选用反向耐压 16 V、正向电流 3 mA 以上的整流二极管。

变压器的一次绕组与二次绕组匝数比 n 为

$$n=\frac{N_1}{N_2}=\frac{U_1}{U_2}=\frac{220}{3.3}\approx 67$$

训练题

一、想一想（正确的打“√”，错的打“×”）

1. 桥式整流电路只有一只整流二极管。 (　　)
2. 桥式整流电路输出的是平滑的直流电。 (　　)
3. 桥式整流电路中如果有一只二极管开路，将引起输出电压减小。 (　　)
4. 桥式整流电容滤波电路负载开路时输出电压会增大。 (　　)

5. 电容滤波电路适用于负载电流大的场合。 (　　)

6. 桥式整流电路中，只要某一只二极管极性接错，将可能烧坏变压器。 (　　)

二、选一选(每题只有一个正确答案)

1. 桥式整流电路有一只二极管极性接反可能会(　　)。

A. 烧毁变压器　B. 烧毁所有的二极管　C. 正常工作　D. 以上都不对

2. 桥式整流电路有一只二极管击穿短路可能会(　　)。

A. 烧毁变压器　B. 烧毁所有的二极管　C. 正常工作　D. 以上都不对

3. 桥式整流电路负载被短路将会(　　)。

A. 只是烧毁变压器　B. 烧毁变压器或者二极管

C. 正常工作　D. 只是烧毁二极管

4. 桥式整流滤波电路的滤波电容开路将会(　　)。

A. 引起输出电压增大　B. 引起输出电压降低

C. 正常工作　D. 烧毁元器件

5. 电感滤波电路适合于(　　)。

A. 小负载　B. 大负载　C. 任何负载　D. 以上都不对

三、填一填

1. 整流电路的功能是________________，整流电路的主要类型有________________和________________。

2. 桥式整流电路采用了________只二极管。

3. 整流电路中变压器的作用是________和________。

4. 稳压电路的作用是____________________。

5. CW7812 的输出电压为____________________V。

6. 单相半波整流电路中，若整流二极管内部烧断，负载上的电压将为________V。

四、算一算

1. 已知一个桥式整流电路中，输出电压 $U_0 = 12$ V。求变压器二次电压 U_2。

2. 已知一个桥式整流电容滤波电路中，带负载时的输出电压 $U_0 = 3$ V。求变压器二次电压 U_2。

五、做一做

简易手机充电器的制作。

智能手机现在已成为人们生活中不可或缺的电子产品。智能手机通常采用 5 V 稳压直流电源充电。如果充电器忽然出现故障,怎样利用一些简单的元器件制作简易手机充电器?利用所学知识,完成简易手机充电器的设计与制作,并形成制作报告,在班级内分享。

自测题

一、判断题

1. 流过桥式整流电路中每只整流二极管的电流和负载电流相等。 ( )
2. 桥式整流电路中,整流二极管的最高反向工作电压等于变压器二次电压峰-峰值。 ( )
3. 调节晶闸管的导通角度的大小,就可以连续调整输出电压的高低。 ( )
4. 串联型稳压电路是靠调整三极管 C、E 两极间的电压来实现稳压的。 ( )
5. 串联型稳压电路中,电源调整管工作于放大区。 ( )
6. 开关稳压电源中,开关电源调整管工作于放大区。 ( )

二、选择题

1. 交流电通过整流电路后,所得到的输出电压是 ( )。

A. 交流电压　　B. 稳定的直流电压　　C. 脉动的直流电压　　D. 无法判断

2. 图 10-16 所示电路中,正弦交流电源电压有效值为 12 V,EL_1、EL_2、EL_3 为 3 只规格相同的灯,额定工作电压为 12 V,则最亮的灯是( )。

A. EL_1　　B. EL_2　　C. EL_3　　D. 无法判断

3. 在桥式整流电容滤波电路中若某只二极管接反,产生的后果是 ( )。

A. 变压器有半周被短路,可能烧毁二极管或者变压器

B. 会引起元器件的损坏,变为半波整流

C. 电容器 C 被击穿

D. 输出电压下降一半

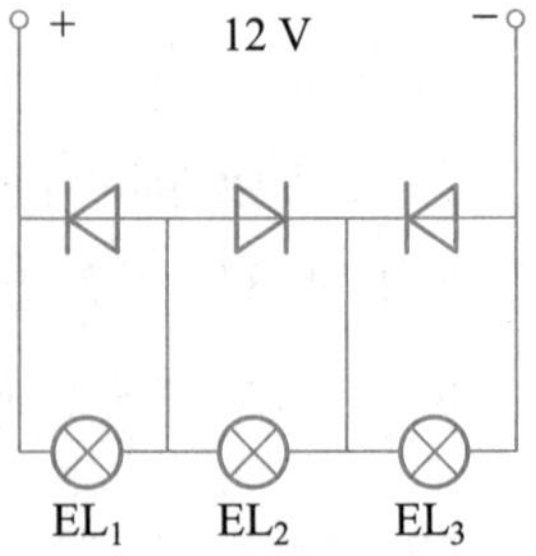

图 10-16

4. 在单相桥式整流电路中接入电容滤波器后,输出直流电压将 ( )。

A. 升高　　B. 降低　　C. 保持不变　　D. 无法判断

5. 晶闸管整流电路输出电压的改变是通过 ( ) 来实现的。

A. 调节触发电压相位　　B. 调节触发电压大小

C. 调节阳极电压大小　　D. 调节负载大小

6. 在直流稳压电源中,采用稳压措施是为了 ( )。

A. 消除整流电路输出电压的交流分量

B. 稳定电源电压

C. 将电网提供的交流电转变为直流电

D. 保持输出直流电压不受电网电压波动和负载变化的影响

7. CW7900 系列集成稳压器输出（　　）。

A. 正电压　　B. 负电压

C. 正、负电压均可　　D. 无法判断

三、填空题

1. 把交流电变换成脉动直流电的电路称为________电路。

2. 可控整流电路的控制角 α 越________，整流输出直流电压越低。

3. 常用的滤波电路有________滤波、________滤波和________滤波 3 种类型。

4. 电感滤波器适用于负载电流要求________且负载变化________的场合。

5. 稳压电路的作用是当________电压波动或________变化时使输出的直流电压稳定。

6. 在稳压二极管稳压电路中，稳压二极管必须与负载电阻________。

四、分析与计算

1. 试用连接线将图 10-17 中的元器件连接成桥式整流电路。

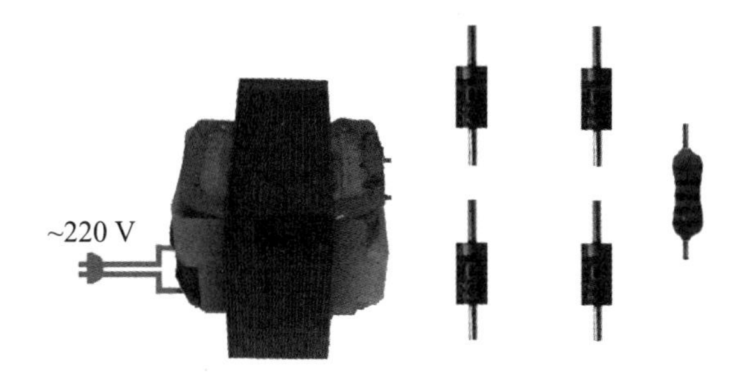

图 10-17

2. 请指出图 10-18 所示电路中的错误，若接上电源，将会有什么后果？

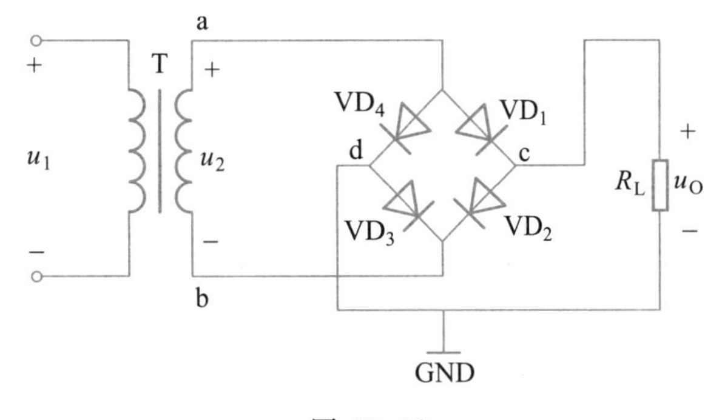

图 10-18

3. 已知一桥式整流电容滤波电路,变压器二次电压 U_2 为 10 V,求其负载两端的电压 U_{L1}。若电容器出现虚焊,求其负载两端的电压 U_{L2}。

4. 指出图 10-19 中的错误。

5. 如图 10-20 所示,这是一个用三端集成稳压器组成的直流稳压电源。试说明各元器件的作用。

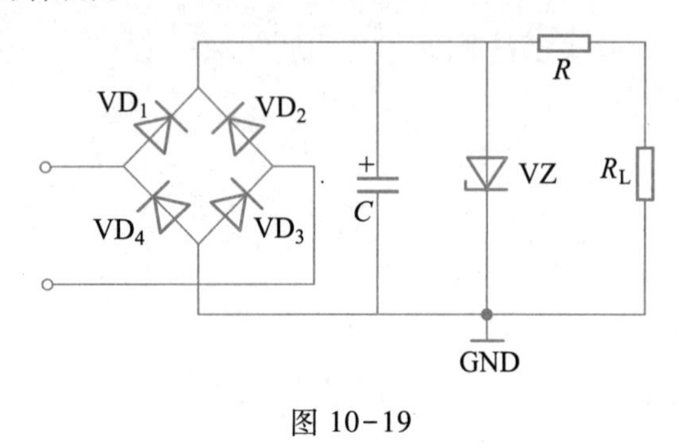

图 10-19

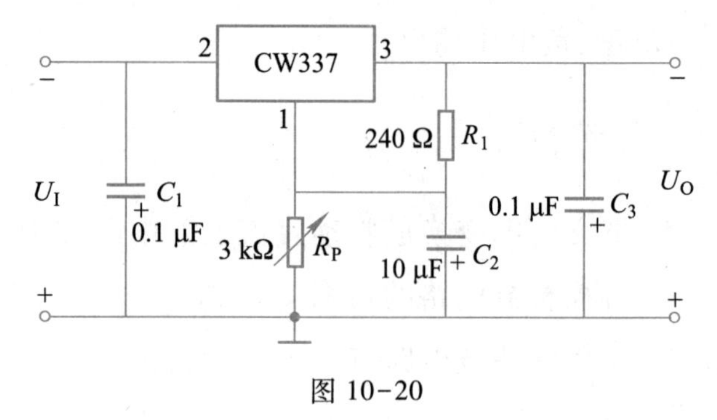

图 10-20

第 11 章

放大电路与集成运算放大器

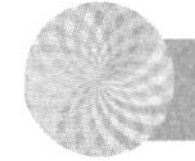

学习目标

能识读共射基本放大电路图。

理解共射放大电路的电路结构和主要元器件的作用。

了解小信号放大电路的静态工作点和性能指标(放大倍数、输入电阻、输出电阻)的含义。

了解多级放大电路的 3 种级间耦合方式及特点。

了解反馈的概念,了解负反馈应用于放大电路中的类型。

可通过实验,了解负反馈对放大电路性能的影响。

了解集成运算放大器的电路结构,了解集成运算放大器的符号及器件的引脚功能。

了解集成运算放大器的理想特性在实际中的应用,能识读反相放大器、同相放大器电路图。

会安装和调试共射基本放大电路。

会使用万用表调试三极管静态工作点。

重难点分析

一、知识框架

- 放大电路与集成运算放大器
  - 放大电路
    - 放大电路的结构
    - 放大电路的工作原理
    - 静态工作点的选择与波形失真
    - 放大电路的直流通路与交流通路
    - 放大电路的参数
    - 调试放大电路的静态工作点
    - 多级放大器
  - 集成运算放大器
    - 集成运算放大器的组成及主要参数
    - 集成运算放大器的识别
    - 负反馈
    - 理想运算放大器
    - 运算放大器的基本运算电路
      - 反相、同相比例运算放大器
      - 加法器和减法器

二、重点、难点

本章着重学习放大电路的安装、调试、故障检修,集成运算放大器的典型应用。本章的难点是放大电路的工作原理、集成运算放大器的应用。

三、学法指导

在学习本章知识时,主要通过安装、调试、维修基本放大电路,来掌握放大电路的动静态特性及工作原理。通过对反相比例运放、同相比例运放、加法器和减法器电路的分析、计算,来了解运算放大器的特性及应用。

(一)共发射极单管放大电路的组成

1. 基本的共发射极单管放大电路

图 11-1 所示为基本的共发射极放大电路。

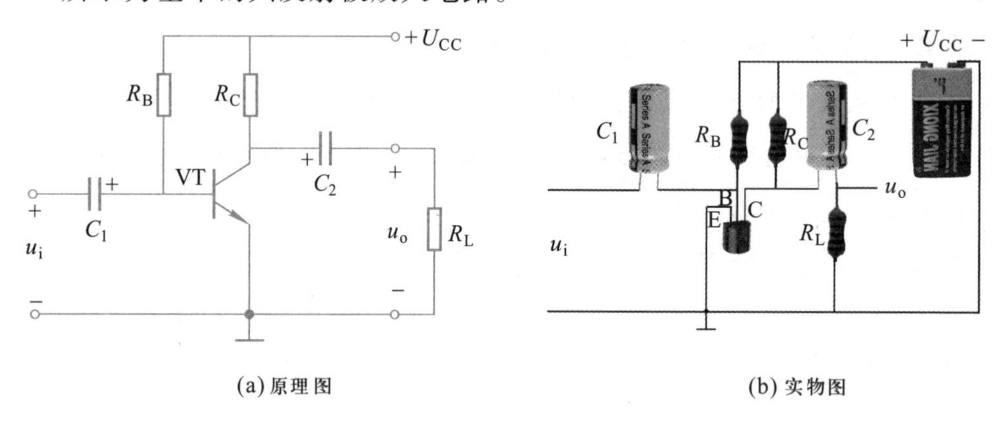

(a) 原理图　　(b) 实物图

图 11-1

2. 各元器件作用

基本放大电路各元器件作用见表 11-1。

表 11-1　基本放大电路元器件作用

元器件符号	元器件名称	作　用
VT	放大管	工作在放大状态,起电流放大作用
U_{CC}	直流电源	为放大管提供工作电压和电流
R_B	基极偏置电阻	$+U_{CC}$通过 R_B 向放大管提供 I_B
R_C	集电极负载电阻	将三极管的电流放大作用转换成电压放大作用
C_1	输入耦合电容	耦合输入交流信号,隔直通交
C_2	输出耦合电容	耦合输出交流信号,隔直通交

3. 放大电路的静态工作点

(1) 静态　输入交流信号为零时，电路中各处的电压、电流均为直流电压和直流电流。

(2) 静态工作点　静态时三极管的基极电流 I_B、集电极电流 I_C 和集射电压 U_{CE} 值，常用 I_{BQ}、I_{CQ}、U_{CEQ} 表示，其中下脚标 Q 表示静态。

4. 放大过程

$$u_i \xrightarrow{C_1\text{ 耦合}} u_{BE} \xrightarrow{\text{三极管输入特性}} i_B \xrightarrow{\text{三极管放大}} i_C \xrightarrow{R_C\text{ 转换作用}} u_{CE} \xrightarrow{C_2\text{ 耦合}} u_o$$

注意：① 放大过程是能量控制过程，被放大的交流信号的能量是由直流电源能量转换而来；② 在基本放大电路中，u_i 与 i_c 相位相同，u_i 与 u_o 相位相反。

(二) 放大电路的分析方法

1. 主要性能指标

(1) 电压放大倍数　$A_u = \dfrac{U_o}{U_i}$

(2) 电压增益　$G_u = 20\lg A_u(\mathrm{dB})$

(3) 电流放大倍数　$A_i = \dfrac{I_o}{I_i}$

(4) 电流增益　$G_i = 20\lg A_i(\mathrm{dB})$

(5) 功率放大倍数　$A_p = \dfrac{P_o}{P_i}$

(6) 功率增益　$G_p = 10\lg A_p(\mathrm{dB})$

(7) 输入电阻　$R_i = \dfrac{U_i}{I_i}$

(8) 输出电阻　$R_o = \dfrac{U_o}{I_o}$

2. 交流、直流等效通路

画直流通路时把电容器断开，画交流通路将直流电源及大容量电容器短路。图 11-2 所示为图 11-1 所示放大电路的直流通路和交流通路。

3. 放大电路的估算分析法

(1) 估算直流参数

由图 11-2(a)可知

$$I_{BQ} = \frac{U_{CC} - U_{BE}}{R_B}$$

$$I_{CQ} = \beta I_{BQ}$$

$$U_{CEQ} = U_{CC} - I_{CQ} R_C$$

(2) 估算交流参数

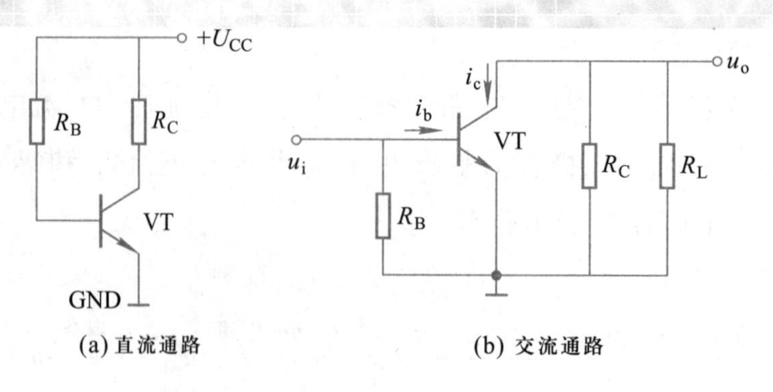

图 11-2

① 三极管的输入电阻：$r_{be} \approx 300\ \Omega + (1+\beta)\dfrac{26\ (\mathrm{mV})}{I_E(\mathrm{mA})}$。

② 放大电路的输入电阻：$R_i = r_{be}$。

③ 放大电路的输出电阻：$R_o \approx R_C$。

④ 电压放大倍数：$A_u = -\beta\dfrac{R'_L}{r_{be}}$，其中 $R'_L = R_L /\!/ R_C$。

4. 波形失真与消除

(1) 截止失真

产生原因：静态工作点偏低（I_{BQ}偏小）。

失真波形：输出电压 u_o 正半周出现切割失真，如图 11-3 所示。

克服办法：增大 I_{BQ}（减少基极偏置电阻 R_B）。

(2) 饱和失真

产生原因：静态工作点偏高（I_{BQ}偏高）。

失真波形：输出电压 u_o 负半周出现切割失真，如图 11-4 所示。

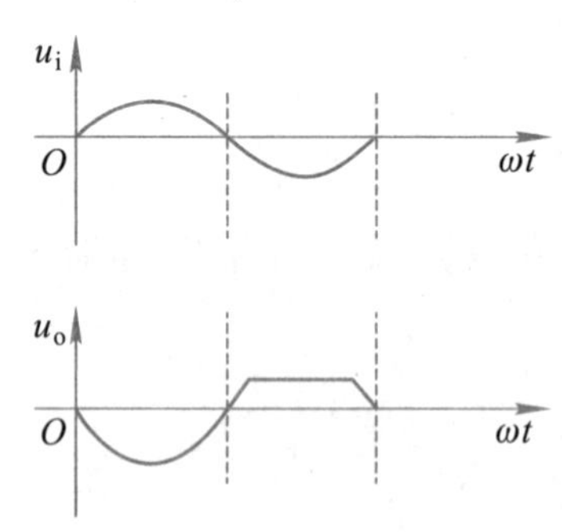

图 11-3 工作点设置太低时

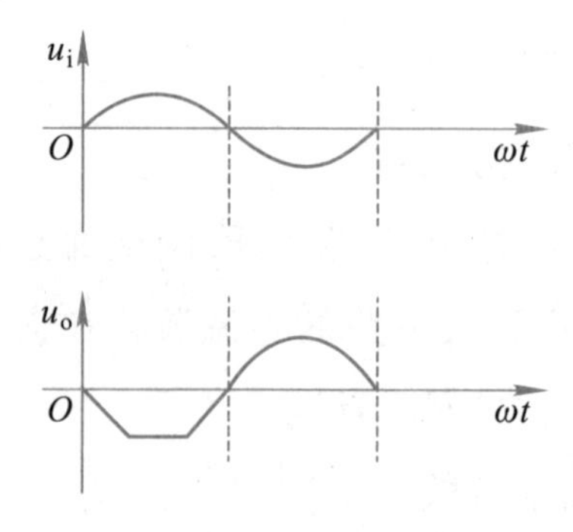

图 11-4 工作点设置太高时

克服办法：减小 I_{BQ}（增大基极偏置电阻 R_B）。

(3) 双向失真

产生原因：输入信号过强。

失真波形：输出电压 u_o 正半周、负半周均出现切割失真。

克服办法:衰减输入信号。

(三) 多级放大电路

1. 级间耦合方式

① 直接耦合。

② 阻容耦合。

③ 变压器耦合。

2. 多级放大电路的电压放大倍数

在多级放大电路中,总的电压放大倍数应是各级放大倍数的乘积,即 $A_u = A_{u1}A_{u2}\cdots A_{un}$。

(四) 集成倒相放大电路 ULN2003

ULN2003 是专门驱动继电器的 7 通道反相放大器,即当输入端为高电平时 ULN2003 输出端为低电平,当输入端为低电平时 ULN2003 输出端为高电平。ULN2003 采用 DIP-16 或 SOP-16 塑料封装,其实物图和内部结构图如图 11-5 所示。

(a) DIP-16 封装

(b) SOP-16 塑料封装

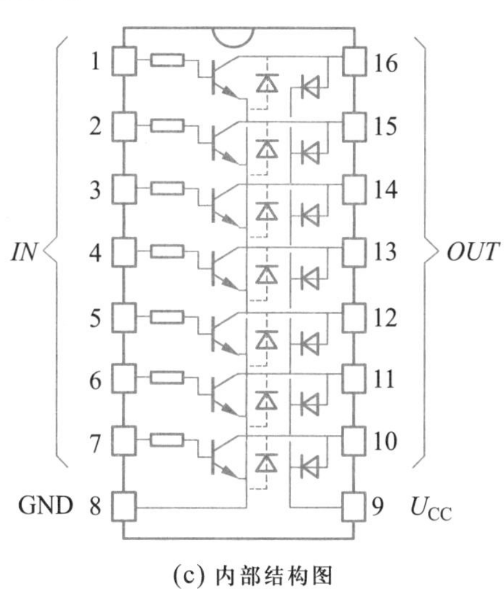

(c) 内部结构图

图 11-5

在自动化密集的场合会有很多被控元件,如继电器、微型电机、风机、电磁阀、空调、水处理等元件及设备,这些设备通常由 CPU 集中控制,由于 CPU 控制系统不能直接驱动被控元件,就需要由功率电路来扩展输出电流以满足被控元件的电流、电压,ULN2003 就属于这类功率电路。

(五) 集成运算放大器的基本概念

1. 集成运算放大器的组成

集成运算放大器由输入级、中间放大级、输出级和辅助电路 4 个部分组成。

2. 集成运算放大器的符号

集成运算放大器的符号如图 11-6 所示。

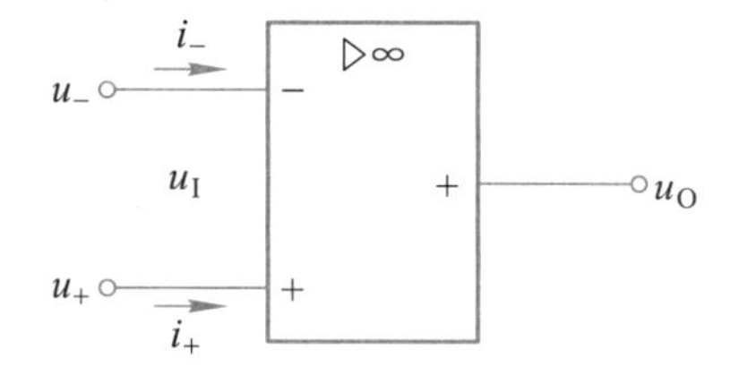

图 11-6

3. 集成运算放大器 LM324

LM324 是一种常用通用型四运放电路,其引脚排列和内部结构如图 11-7 所示,其他四运算放大器电路还有 TL084 等。

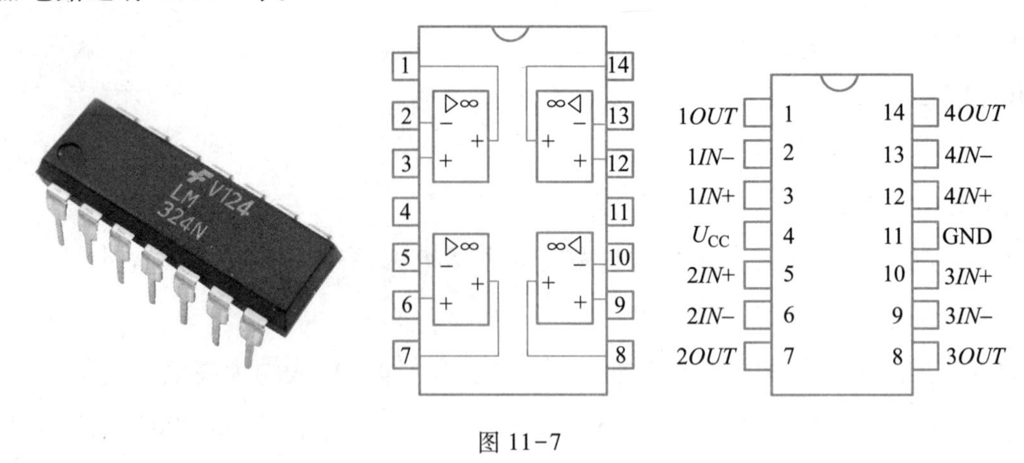

图 11-7

4. 集成运算放大器的主要参数

(1) 开环电压放大倍数 A_{uo}

(2) 差模输入电阻 R_{id}

(3) 开环输出电阻 R_{od}

(4) 共模抑制比 K_{CMR}

(六) 负反馈

1. 负反馈的基本概念

(1) 反馈　将放大电路输出信号的一部分或全部,通过一定的方式送回到放大电路输入端。

(2) 反馈放大电路的结构　由基本放大电路和反馈电路两部分组成。

2. 负反馈的类型

(1) 按反馈极性分类　正反馈和负反馈。

(2) 按反馈成分分类　直流反馈和交流反馈。

(3) 按输出端取样对象分类　电压反馈和电流反馈。

(4) 按输入端连接方式分类　串联反馈和并联反馈。

3. 负反馈对放大器性能的影响

(1) 降低放大倍数。

(2) 提高放大倍数的稳定性。

(3) 减小非线性失真。

(4) 改变放大电路的输入、输出电阻。

(七) 理想运算放大器

1. 理想化条件

$$A_{uo}=\infty, R_i=\infty, K_{CMR}=\infty, R_o=0$$

2. 两个重要结论

$$u_+=u_-, i_+=i_-=0$$

(八) 运算放大器组成的基本运算电路

1. 比例运算电路

(1) 反相比例运算电路　反相比例运算电路如图 11-8 所示。输出电压 $u_O=-\dfrac{R_F}{R_1}u_I$，当 $R_F=R_1$ 时，该电路称为反相器，$u_O=-u_I$。

(2) 同相比例运算电路　如图 11-9 所示，输出电压 $u_O=\left(1+\dfrac{R_F}{R_1}\right)u_I$，当 $R_F=0$ 时，$u_O=u_I$，该电路为电压跟随器。

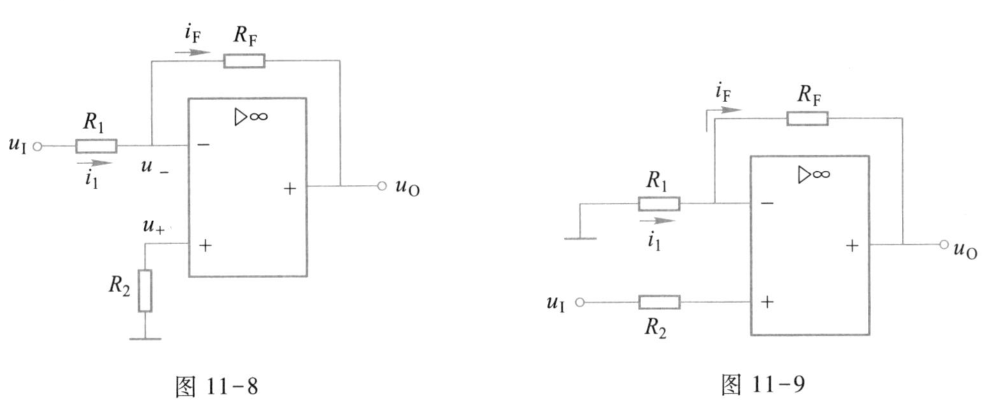

图 11-8　　　　图 11-9

2. 加法运算电路

两输入端的反相加法电路，如图 11-10 所示。输出电压 $u_O=-\left(\dfrac{R_F}{R_1}u_{I1}+\dfrac{R_F}{R_2}u_{I2}\right)$，当 $R_1=R_2=R_F$ 时，则有 $u_O=-(u_{I1}+u_{I2})$，可见该电路实现了加法运算。

3. 减法运算电路

图 11-11 所示为减法运算电路。输出电压 $u_O=\left(1+\dfrac{R_F}{R_1}\right)\dfrac{R_3}{R_3+R_2}u_{I2}-\dfrac{R_F}{R_1}u_{I1}$，当 $R_1=R_2=R_3=R_F$ 时 $u_O=u_{I2}-u_{I1}$，可见该电路实现了减法运算。

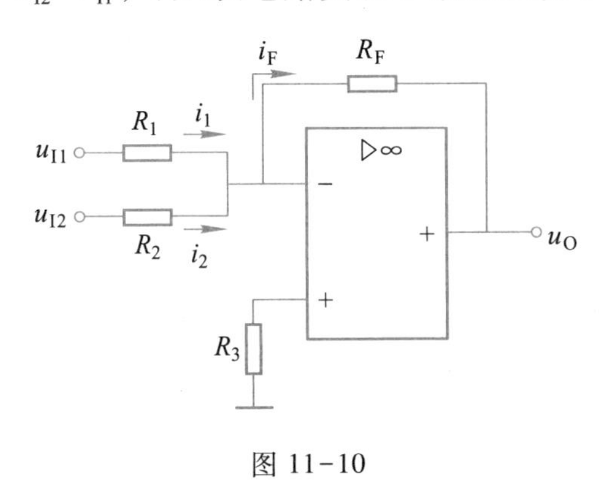

图 11-10

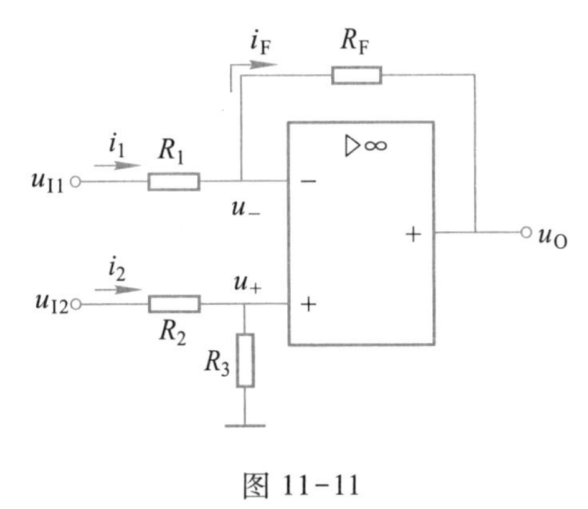

图 11-11

四、典型例题

例 11-1 在图 11-1 所示的基本放大电路中,已知 $U_{CC}=6\ V$,$R_B=200\ k\Omega$,$R_C=2\ k\Omega$,$\beta=50$,试求放大电路的静态工作点 I_{BQ}、I_{CQ}和 U_{CEQ}的值。

解:

$$I_{BQ}\approx\frac{U_{CC}}{R_B}=\frac{6}{200}\ mA=30\ \mu A$$

$$I_{CQ}=\beta I_{BQ}=(50\times0.03)\ mA=1.5\ mA$$

$$U_{CEQ}=U_{CC}-I_{CQ}R_C=(6-1.5\times2)\ V=3\ V$$

例 11-2 图 11-8 所示的反相比例运算电路中,已知 $U_i=0.2\ V$,$R_1=10\ k\Omega$,$R_F=50\ k\Omega$,试求输出电压 U_o 及平衡电阻 R_2。

解:(1) $U_o=-\frac{R_F}{R_1}U_i=-\frac{50}{10}\times0.2\ V=-1\ V$

(2) $R_2=R_1/\!/R_F=\frac{R_1R_F}{R_1+R_F}=\frac{10\times10^3\times50\times10^3}{10\times10^3+50\times10^3}\ \Omega\approx8.33\ k\Omega$

例 11-3 图 11-9 所示的同相比例运算电路中,已知 $U_i=0.2\ V$,$R_1=10\ k\Omega$,$R_F=50\ k\Omega$,试求输出电压 U_o 及平衡电阻 R_2。

解:(1) $U_o=\left(1+\frac{R_F}{R_1}\right)U_i=\left(1+\frac{50}{10}\right)\times0.2\ V=1.2\ V$

(2) $R_2=R_1/\!/R_F=\frac{R_1R_F}{R_1+R_F}=\frac{10\times10^3\times50\times10^3}{10\times10^3+50\times10^3}\ \Omega\approx8.33\ k\Omega$

例 11-4 图 11-10 所示的加法电路中,已知 $U_{i1}=0.1\ V$,$U_{i2}=0.2\ V$,$R_1=R_2=10\ k\Omega$,$R_F=100\ k\Omega$,试求输出电压 U_o。

解: $U_o=-\left(\frac{R_F}{R_1}U_{i1}+\frac{R_F}{R_2}U_{i2}\right)=-\frac{100}{10}\times(0.1+0.2)\ V=-3\ V$

例 11-5 图 11-11 所示的减法电路中,已知 $U_{i1}=0.2\ V$,$U_{i2}=0.8\ V$,$R_1=R_2=R_3=R_F=10\ k\Omega$,试求输出电压 U_o。

解: $U_o=U_{i2}-U_{i1}=(0.8-0.2)\ V=0.6\ V$

例 11-6 如图 11-12 所示,A_1、A_2 均为理想集成运算放大器。

(1) 试问 A_1、A_2 完成何种运算?

(2) 求 u_{O1}及 u_{O2}。

解:(1) A_1 构成同相比例运算电路;A_2 构成减法电路。

(2) $u_{O1}=\left(1+\frac{R_2}{R_2}\right)u_{I1}=2u_{I1}$

$$u_{O2}=-\frac{3R_4}{R_4}u_{O1}+\left(1+\frac{3R_4}{R_4}\right)\frac{3R_3}{R_3+3R_3}u_{I2}=-6u_{I1}+3u_{I2}$$

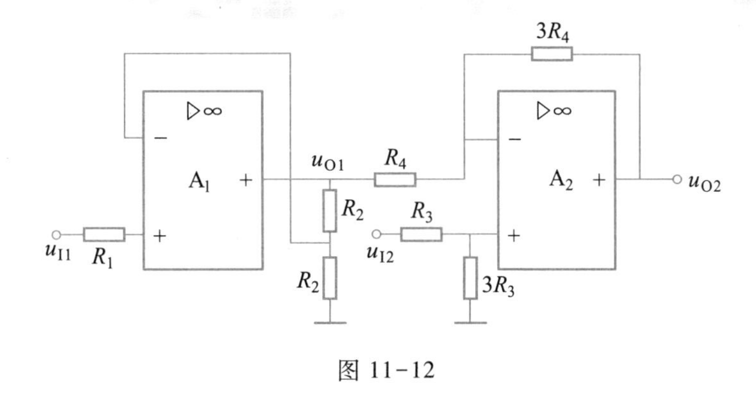

图 11-12

例 11-7 电路如图 11-13 所示，已知 $U_{i1}=0.12\ \text{V}$，$U_{i2}=0.2\ \text{V}$，求输出电压 U_o。

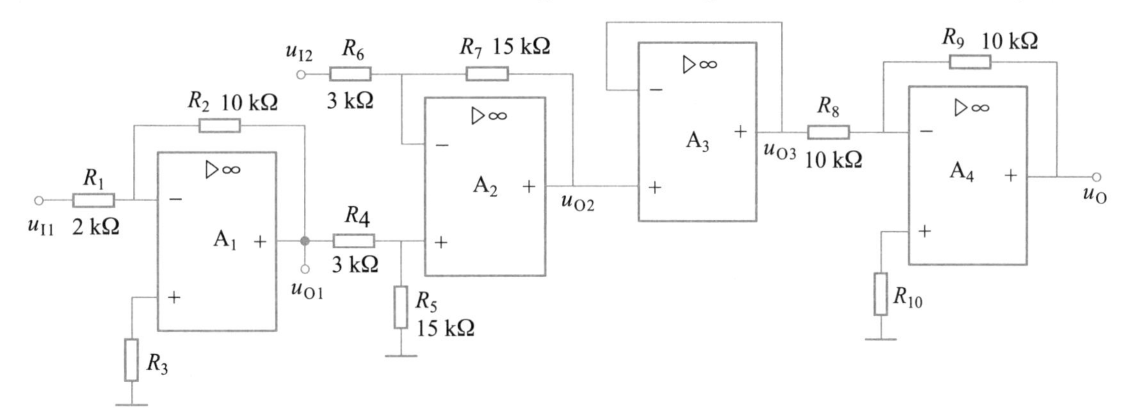

图 11-13

解：A_1 构成反相比例运算电路，其输出电压为

$$U_{o1}=-\frac{R_2}{R_1}U_{i1}=-\frac{10}{2}\times 0.12\ \text{V}=-0.6\ \text{V}$$

A_2 构成减法电路，其输出电压为

$$U_{o2}=-\frac{R_7}{R_6}U_{i2}+\left(1+\frac{R_7}{R_6}\right)\frac{R_5}{R_4+R_5}U_{o1}=-4\ \text{V}$$

A_3 构成电压跟随器，其输出电压为

$$U_{o3}=U_{o2}=-4\ \text{V}$$

A_4 构成反相器，其输出电压为

$$U_o=-\frac{R_9}{R_8}U_{o3}=-\frac{10}{10}\times(-4)\ \text{V}=4\ \text{V}$$

训练题

一、想一想（正确的打"√"，错的打"×"）

1. NPN 型管工作于放大区时，各电极的电位关系为：$V_C<V_B<V_E$。 (　　)

2. 硅三极管工作于放大区时 $U_{BE}\approx0.7\ V$。 (   )

3. 交流负反馈是为了稳定放大电路的静态工作点。 (   )

4. 电流负反馈用于稳定输出电流。 (   )

5. 并联负反馈可以减小输入电阻。 (   )

6. 要使集成运算放大器工作于线性状态,必须外接负反馈。 (   )

7. 只有放大电路既放大电流又放大电压,才称其有放大作用。 (   )

8. 基本放大电路在正常工作时只有交流量。 (   )

9. 画放大电路的直流通路时,电容要进行开路处理。 (   )

10. 两个放大电路单独使用时,电压放大倍数分别为 A_{v1}、A_{v2}。这两个放大电路连成两级放大电路后,总的放大倍数为 A_v,则 $A_v=A_{v1}+A_{v2}$。 (   )

二、选一选(每题只有一个正确答案)

1. 共发射极放大电路(   )。

A. 具有放大和倒相作用 B. 只有放大作用

C. 只有倒相作用 D. 以上都正确

2. 放大电路的输入信号过强将引起(   )。

A. 截止失真 B. 饱和失真

C. 双向失真 D. 以上都不对

3. 交流负反馈可以用于(   )。

A. 改善放大电路的性能 B. 稳定静态工作点

C. 振荡电路 D. 以上都不对

4. 电压负反馈可以(   )。

A. 改变放大器的输入电阻 B. 稳定输出电流

C. 稳定输出电压 D. 增大电压放大倍数

5. 串联负反馈可以(   )。

A. 稳定输出电压 B. 稳定输出电流

C. 增大输出电阻 D. 增大输入电阻

6. 下面不是放大电路基本电路形式的是(   )。

A. 共发射极 B. 共基极

C. 共阳极 D. 共集电极

7. 描述放大电路对信号电压的放大能力,通常使用的性能指标是(   )。

A. 电流放大倍数 B. 电压放大倍数

C. 功率放大倍数 D. 静态工作点

三、填一填

1. 放大电路的失真分为截止失真和______失真,如果输入信号过强容易引起正负半周均出现失真,这种失真称为双向失真。

2. 放大电路的输入电阻越______越好。

3. 接入负载后,放大电路的电压放大倍数将______。

4. 直接耦合既能放大交流信号,也能放大______信号。

5. 负反馈将使放大电路的净输入信号______。

6. 直流负反馈可以稳定放大电路的______。

7. 串联负反馈可以______放大电路的输入电阻。

8. 集成运放输入失调电压是随温度、电源电压或时间而变化的,通常将输入失调电压对温度的平均变化率称为______。

9. 集成运放输入级通常采用______,中间级由多级直接耦合电压放大电路组成,输出级通常采用______电路或射极输出器,偏置电路为前面三大部分放大电路提供所需的偏置电压。

10. 运算放大电路实质上是一种______多级直流放大电路。

四、算一算

1. 图 11-1 所示基本放大电路中,已知 $R_B = 510\ \text{k}\Omega$, $R_C = 4\ \text{k}\Omega$, $R_L = 4\ \text{k}\Omega$, $U_{CC} = 20\ \text{V}$, $\beta = 50$,试求:

(1) 静态工作点 I_{BQ}、I_{CQ}、U_{CEQ};

(2) 交流参数 A_u、R_i、R_o;

(3) 若放大电路输入电压 $U_i = 10\ \text{mV}$,估算放大电路的输出电压 U_o。

2. 在两级放大电路中,各级电压放大倍数分别是 $A_{u1} = -50$, $A_{u2} = -60$,求总的电压放大倍数 A_u。

五、查一查

集成电路的设计与生产过程是什么样的?

集成电路是现代化产业体系的核心枢纽,关系国家的信息产业安全和中国式现代化进程,那么它是怎么设计和生产出来的呢?请利用互联网查一查集成电路的设计与生产过程是什么样的,形成流程图并与大家分享。

自测题

一、判断题

1. PNP 型管工作于放大区时,各电极的电位关系为:$V_C>V_B>V_E$。 (　　)

2. 锗管的热稳定性低于硅管。 (　　)

3. 电压负反馈用于稳定放大电路的输出电流。 (　　)

4. 电流负反馈可以增大输出电阻。 (　　)

5. 集成运算放大器应用于信号运算时工作于线性区域。 (　　)

二、选择题

1. 放大电路的静态工作点偏低将引起(　　)。

A. 截止失真　　B. 饱和失真　　C. 双向失真　　D. 以上都不对

2. 放大电路的静态工作点过高将引起(　　)。

A. 截止失真　　B. 饱和失真　　C. 双向失真　　D. 以上都不对

3. 正反馈用于(　　)。

A. 改善放大电路的性能　　B. 稳定静态工作点

C. 振荡电路　　D. 以上都不对

4. 电流负反馈可以(　　)。

A. 稳定输出电压　　B. 稳定输出电流

C. 改变放大电路的输入电阻　　D. 增大电压放大倍数

5. 并联负反馈可以(　　)。

A. 稳定输出电压　　B. 稳定输出电流

C. 减小输出电阻　　D. 减小输入电阻

三、填空题

1. 单管共发射极放大电路对信号电压具有______________作用。

2. 静态时,放大电路直流电流通过的路径,称为__________________。

3. 放大电路的输出电阻越________越好。

4. 多级放大电路的耦合方式有直接耦合、________耦合和________耦合。

5. 多级放大电路总的电压放大倍数等于各级放大电路的放大倍数的________。

6. 采用______________法可以判断放大电路的反馈极性。

7. 电压负反馈可以稳定放大电路的______________。

8. 理想运算放大器的输入电阻和开环电压放大倍数趋于____________，输出电阻趋于____________。

四、分析与计算

1. 由 NPN 型管构成的放大电路中，通过测试得到：$V_C=6$ V、$V_B=0.7$ V、$V_E=0$，请判断该电路工作于什么工作状态。

2. 由 PNP 型管构成的放大电路中，通过测试得到：$V_C=-2.3$ V、$V_B=-2.7$ V、$V_E=-2$ V，请判断该电路工作于什么工作状态。

3. 图 11-14 所示运算放大器电路中，已知 $U_{i1}=U_{i2}=0.1$ V，试求 U_{o1} 及 U_o。

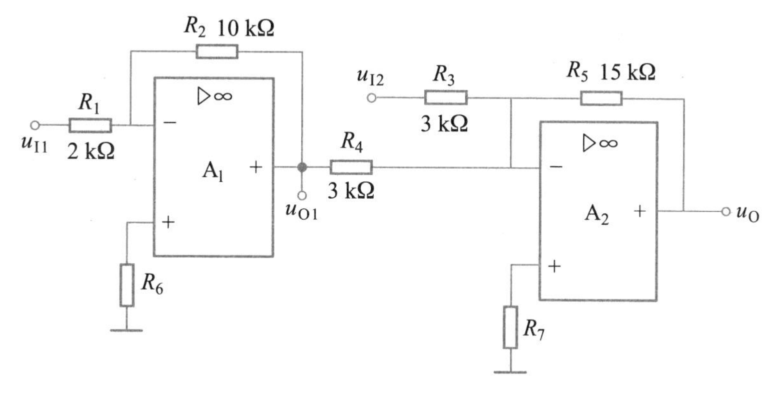

图 11-14

4. 如图 11-15 所示，在固定式偏置放大电路中，已知 $\beta=60$，$U_{CC}=9$V，$R_B=500$ kΩ，$R_C=5$ kΩ，$R_L=2$ kΩ，$U_{BEQ}=0.7$ V。(1) 画出放大电路的直流通路；(2) 计算静态工作点。

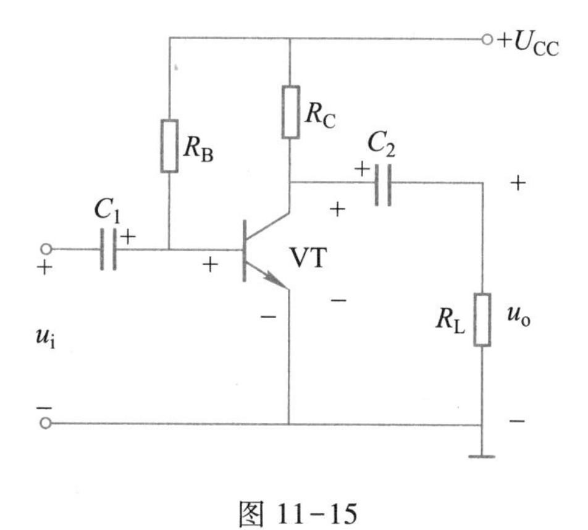

图 11-15

第12章

数字电子技术基础

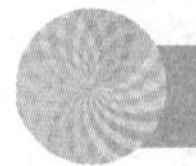

学习目标

了解数字信号的特点。

了解二进制的表示方法，了解二进制数与十进制数之间的相互转换。

了解8421BCD码的表示形式。

能列举模拟信号与数字信号的实例，能列举实际生活中应用的不同进制数。

了解**与**门、**或**门、**非**门等基本逻辑门，了解**与非**门、**或非**门、**与或非**门和**异或**门等复合逻辑门的逻辑功能，能识别其电气图形符号。

重难点分析

一、知识框架

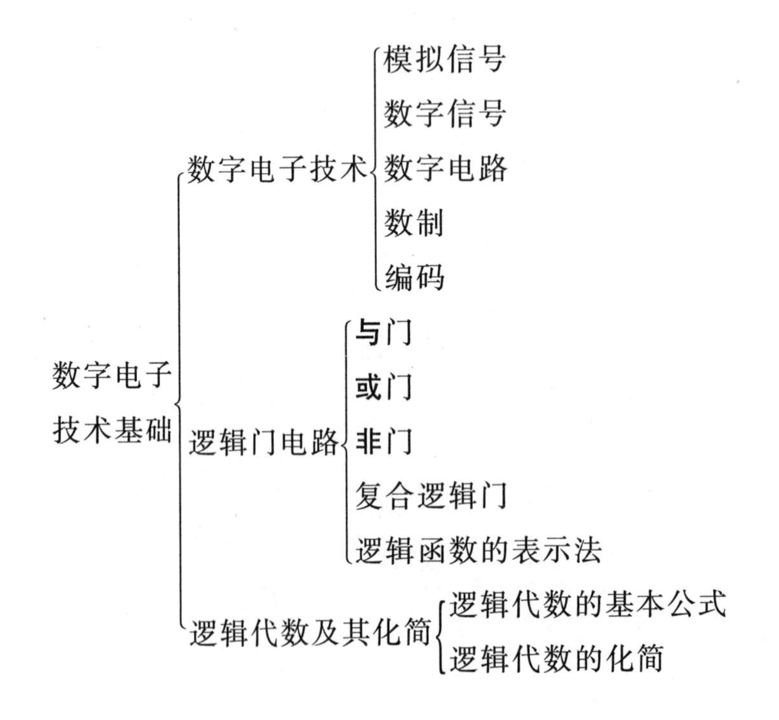

二、重点、难点

本章着重学习数字电路基础知识、逻辑门电路、逻辑函数、逻辑函数表示法和逻辑函数的化简。本章的难点是逻辑门电路的逻辑功能和逻辑函数的化简。

三、学法指导

通过列举模拟信号与数字信号的实例,理解模拟信号和数字信号的意义。列举实际生活中应用的不同进制数,理解数制及不同数制之间的转换方法。通过生活实例,理解常用逻辑门电路的逻辑功能。通过实例学会逻辑函数的不同表示方法及不同表示方法之间的相互转换。

(一) 数字电路基础知识

1. 模拟信号与数字信号

① 在时间上、数值上均连续变化的信号,称为**模拟信号**。

② 在时间上和数值上均离散(不连续)的信号,称为**数字信号**。

2. 数字电路

数字电路是用来处理数字信号的电路。数字电路常用来研究数字信号的产生、变换、传输、储存、控制、运算等。

3. 数字电路的特点

① 电路结构简单,有利于实现电路的集成化。

② 工作稳定,抗干扰能力强。

③ 可实现数值运算、逻辑运算和判断。

④ 工作于开关状态,功耗低。

4. 数制

把多位数码中每一位的构成方法和低位向高位的进位规则称为**数制**。日常生活中采用的是十进制数,在数字电路和计算机中采用的有二进制、八进制、十六进制等。

(1) 十进制　以 10 为基数的计数体制,“逢十进一”。

(2) 二进制　以 2 为基数的计数体制,“逢二进一”。

(3) 十六进制　以 16 为基数的计数体制,“逢十六进一”。

5. 数制转换

(1) 二进制数转换为十进制数　将二进制数按位按权展开后相加就得到等值的十进制数。

(2) 十进制数转换为二进制数　采用“除 2 取余倒记数”法。即用 2 去除十进制整数,可以得到一个商和余数,再用 2 去除商,又会得到一个商和余数,如此进行,直到商为零时为止,然后把先得到的余数作为二进制数的低位,后得到的余数作为二进制数的高位,依次排列起来,就是该十进制数等值的二进制数。

(3) 十六进制数转换为二进制数　采用的方法为“1 位拆 4 位”,即把每个十六进制数用 4 位二进制数表示,然后连接起来。

6. 码制

把用一组 4 位二进制码来表示 1 位十进制数的编码方法称为**二-十进制码**,亦称

BCD码。

(1) 8421BCD码(有权码) 用4位二进制数码表示十进制数,位数由高至低依次代表8、4、2、1。

(2) 5421BCD码和2421BCD码 5421BCD码和2421BCD码与8421BCD码的分析方法相同,仅仅是三者的最高位的位权不同。5421BCD码的最高位位权是5,2421BCD码的最高位位权是2,8421BCD码的最高位位权是8。

(3) 格雷码 格雷码是一种无权码。它有很多种编码方式,但各种格雷码都有一个共同特点,即任意两个相邻码之间只有1位不同。

(二) 逻辑门电路

常用逻辑门电路的图形符号、逻辑函数式及逻辑功能见表12-1。

表12-1

类别	图形符号	逻辑函数式	逻辑功能
与门	A、B → [&] → Y	$Y=A\cdot B$	有0出0,全1出1
或门	A、B → [≥1] → Y	$Y=A+B$	有1出1,全0出0
非门	A → [1]○ → Y	$Y=\overline{A}$	有0出1,有1出0
与非门	A、B → [&]○ → Y	$Y=\overline{A\cdot B}$	有0出1,全1出0
或非门	A、B → [≥1]○ → Y	$Y=\overline{A+B}$	有1出0,全0出1
与或非门	A、B、C、D → [& ≥1]○ → Y	$Y=\overline{AB+CD}$	一组全1出0 各组有0出1
异或门	A、B → [=1] → Y	$Y=\overline{A}B+A\overline{B}$ 或 $Y=A\oplus B$	相同出0 相异出1

(三) 逻辑函数的表示法

常用的逻辑函数表示方法有:逻辑表达式、真值表、逻辑图、工作波形图和卡诺图。

(四) 逻辑代数及逻辑函数化简

1. 逻辑代数基本公式

逻辑代数的基本公式见表12-2。

表 12-2

序号	公式	序号	公式
1	$A+\mathbf{0}=A$	10	$A\cdot B\cdot C=(A\cdot B)\cdot C=A\cdot(B\cdot C)$
2	$A+\mathbf{1}=\mathbf{1}$	11	$A+A=A;A\cdot A=A$
3	$A\cdot\mathbf{0}=\mathbf{0}$	12	$A+B\cdot C=(A+B)\cdot(A+C)$
4	$A\cdot\mathbf{1}=A$	13	$A\cdot(B+C)=A\cdot B+A\cdot C$
5	$A+\overline{A}=\mathbf{1}$	14	$A+A\cdot B=A$
6	$A\cdot\overline{A}=\mathbf{0}$	15	$A\cdot(A+B)=A$
7	$A+B=B+A$	16	$\overline{\overline{A}}=A$
8	$A\cdot B=B\cdot A$	17	$\overline{A+B}=\overline{A}\cdot\overline{B}$ 或 $\overline{A+B+C\cdots}=\overline{A}\cdot\overline{B}\cdot\overline{C}\cdots$
9	$A+B+C=(A+B)+C=A+(B+C)$	18	$\overline{A\cdot B}=\overline{A}+\overline{B}$ 或 $\overline{A\cdot B\cdot C\cdots}=\overline{A}+\overline{B}+\overline{C}+\cdots$

2. 逻辑代数的几个常用公式

逻辑代数的几个常用公式见表 12-3。

表 12-3

序号	公式	序号	公式
1	$A+\overline{A}\cdot B=A+B$	4	$A\cdot B+\overline{A}\cdot C+B\cdot C\cdot D=A\cdot B+\overline{A}\cdot C$
2	$A\cdot(A+B)=A$	5	$A\cdot\overline{A\cdot B}=A\cdot\overline{B}$
3	$A\cdot B+\overline{A}\cdot C+B\cdot C=A\cdot B+\overline{A}\cdot C$	6	$\overline{A}\cdot\overline{A\cdot B}=\overline{A}$

3. 逻辑函数的化简法

（1）并项法　利用 $A+\overline{A}=\mathbf{1};AB+A\overline{B}=A$ 两个等式，将两项合并为一项，并消去一个变量。

（2）吸收法　利用公式 $A+AB=A$ 吸收多余项。

（3）消去法　利用公式 $A+\overline{A}B=A+B$ 消去多余因子。

（4）配项法　一般是在适当项中，配上 $A+\overline{A}=\mathbf{1}$ 的关系式，再同其他项的因子进行化简。

四、典型例题

例 12-1　将 $(\mathbf{101})_2$ 转换为十进制数

解：$(\mathbf{101})_2=\mathbf{1}\times2^2+\mathbf{0}\times2^1+\mathbf{1}\times2^0=4+0+1=(5)_{10}$

例 12-2 用 8421BCD 码表示十进制数 96。

解： 9 6 十进制数

1×8+0×4+0×2+1×1 0×8+1×4+1×2+0×1

1001 **0110** 8421BCD 码

所以 $(96)_{10}=(\mathbf{10010110})_{8421BCD}$

例 12-3 请写出 $(85)_{10}$ 的 5421BCD 码、2421BCD 码和 8421BCD 码。

解： $(85)_{10}=(\mathbf{10111000})_{5421BCD}$，$(85)_{10}=(\mathbf{11100101})_{2421BCD}$，$(85)_{10}=(\mathbf{10000101})_{8421BCD}$

例 12-4 化简 $Y=AB+\overline{A}\,\overline{C}+B\overline{C}$

解：

$$
\begin{aligned}
Y &= AB+\overline{A}\,\overline{C}+B\overline{C}\\
&= AB+\overline{A}\,\overline{C}+(A+\overline{A})B\overline{C}\\
&= AB+\overline{A}\,\overline{C}+AB\overline{C}+\overline{A}B\overline{C}\\
&= AB(\mathbf{1}+\overline{C})+\overline{A}\,\overline{C}(\mathbf{1}+B)\\
&= AB+\overline{A}\,\overline{C}
\end{aligned}
$$

训练题

一、想一想（正确的打“√”，错的打“×”）

1. $(\mathbf{1011})_{5421BCD}$ 表示的十进制数为 11。 （ ）
2. $(\mathbf{100011})_{8421BCD}$ 表示的十进制数为 23。 （ ）
3. 二进制数的基本数码有 0、1、2。 （ ）
4. 负逻辑是用 **0** 表示高电平，用 **1** 表示低电平。 （ ）
5. 与非门的逻辑功能是有 **0** 出 **1**，全 **1** 出 **0**。 （ ）
6. 根据逻辑代数公式 $A+AB=A$，可推出 $AB=A-A=0$。 （ ）

二、选一选（每题只有一个正确答案）

1. 算盘珠的位置给出的是（ ）。

A. 模拟信号 B. 数字信号 C. A、B D. 以上都不对

2. 在数字信号中，高电平用逻辑 **1** 表示，低电平用 **0** 表示，称为（ ）。

A. **0** 逻辑 B. **1** 逻辑 C. 正逻辑 D. 负逻辑

3. 数字逻辑电路中的 **0** 和 **1** 不能代表（ ）。

A. 脉冲的有无 B. 元器件的状态

C. 数量的大小 D. 电平的高低

4. 二进制数101转换为十进制数为(　　)。

A. 101　　B. 100　　C. 5　　D. 11

5. 十进制数 24 转换为二进制数为(　　)。

A. $(1001)_2$　　B. $(11010)_2$

C. $(11001)_2$　　D. $(11000)_2$

6. 8421BCD 码$(100101)_{8421BCD}$对应的十进制数为(　　)。

A. 111　　B. 101　　C. 25　　D. 15

7. “有 0 出 0,全 1 出 1”属于(　　)。

A. 与逻辑　　B. 或逻辑　　C. 非逻辑　　D. 与非逻辑

8. “入 0 出 1,入 1 出 0”属于(　　)。

A. 与逻辑　　B. 或逻辑　　C. 非逻辑　　D. 与非逻辑

9. 与非门的逻辑函数式为(　　)。

A. $Y=AB$　　B. $Y=\overline{AB}$　　C. $Y=\overline{A+B}$　　D. $Y=A+B$

10. 或非门的逻辑函数式为(　　)。

A. $Y=AB$　　B. $Y=\overline{AB}$　　C. $Y=A+B$　　D. $Y=\overline{A+B}$

11. 二进制数转换为十六进制数的方法是(　　)。

A. 乘权相加法　　B. 除 2 取余倒记法

C. 4 位并 1 位　　D. 1 位拆 4 位

三、填一填

1. 模拟信号是指____________的信号。

2. BCD 码用______位二进制数码来表示______位十进制数。

3. 与非门电路具有“有______出______,全______出______”的逻辑功能。

4. 将二进制数 10000 转换成十进制数是________。

5. 或非门电路的逻辑功能是________。

6. 在逻辑代数中基本运算法则中 $A\cdot A=$______,$1+A=$______,$A+A=$______。

四、议一议

以一种典型电子产品为例,分析数字电路和模拟电路的应用场合。

传递和处理信号的电路分为两大类,一类是数字电路,另一类是模拟电路,目前的大多数电路采用数字电路,请上网查找数字电路和模拟电路在实际生活中应用的具体场合,形成分析报告,并在班级中分享。

自测题

一、判断题

1. $(110)_{2421BCD}$表示的十进制数为6。 ( )
2. 十进制数23转换为8421BCD码是$(100101)_{8421BCD}$。 ( )
3. 与门的逻辑功能为"入1出0,入0出1"。 ( )
4. 正逻辑是用1表示高电平,用0表示低电平。 ( )
5. 与或非门的逻辑功能是"有0出1,全1出0"。 ( )

二、选择题

1. 在数字信号中,高电平用逻辑0表示,低电平用1表示,称为( )。

A. 0逻辑 B. 1逻辑 C. 正逻辑 D. 负逻辑

2. 十进制数4转换为二进制数是( )。

A. 100 B. 101 C. 110 D. 111

3. $(10101)_{8421BCD}$对应的十进制数为( )。

A. 111 B. 101 C. 25 D. 15

4. "有0出1,全1出0"属于( )。

A. 与逻辑 B. 或逻辑 C. 非逻辑 D. 与非逻辑

5. "有1出1,全0出0"属于( )。

A. 与逻辑 B. 或逻辑 C. 非逻辑 D. 与非逻辑

6. 异或门的逻辑函数式为( )。

A. $Y=AB$ B. $Y=\overline{AB}$ C. $Y=A\oplus B$ D. $Y=\overline{A+B}$

三、填空题

1. 十进制数19转换为二进制数为________,转换为十六进制数为________。
2. 二进制数100010转换为十进制数为________,它的8421BCD码为________。
3. 建立代码与数字、文字、图像、符号或特定对象之间一一对应关系的过程,称为________。
4. 异或门的逻辑功能为:________________________。
5. ____________逻辑功能为"有1出0,全0出1"。

四、分析与计算

1. 证明下列等式成立。

（1）$A+\overline{A}\cdot B=A+B$

（2）$A\cdot(A+B)=A$

（3）$A\cdot B+\overline{A}\cdot C+B\cdot C=A\cdot B+\overline{A}\cdot C$

（4）$A\cdot\overline{A\cdot B}=A\cdot\overline{B}$

（5）$\overline{A}\cdot\overline{A\cdot B}=\overline{A}$

2. 化简。

（1）$Y=AB+A\overline{B}+\overline{A}\,\overline{B}+\overline{A}B$

（2）$Y=\overline{A}+\overline{B}+AB$

（3）$Y=AB+\overline{A}\,\overline{C}+B\overline{C}$

（4）$Y=AD+A\overline{D}+AB+\overline{A}C+BD$

第13章 组合逻辑电路和时序逻辑电路

学习目标

了解TTL门电路和CMOS门电路的有关使用知识。

理解组合逻辑电路的读图方法和步骤。

了解组合逻辑电路的种类。

了解编码器的基本功能。

了解典型集成编码电路的引脚功能,会根据功能表正确使用。

了解译码器的基本功能。

了解典型集成译码电路的引脚功能,会根据功能表正确使用。

了解半导体数码管的基本结构和工作原理。

了解典型集成译码显示器的引脚功能,会根据功能表正确使用。

了解同步*RS*触发器的特点、时钟脉冲的作用,了解其逻辑功能,会搭接*RS*触发器电子控制电路。

了解寄存器的功能、基本构成和常见类型。

了解计数器的功能及计数器的类型。

理解二进制、十进制等典型集成计数器的外特性,掌握其应用。

查阅集成电路手册并根据引脚功能连线。

重难点分析

一、知识框架

- 组合逻辑电路 时序逻辑电路
  - 集成门电路
    - TTL逻辑门电路
    - CMOS门电路
  - 组合逻辑电路
    - 组合逻辑电路的分析方法
    - 编码器
    - 译码器与显示器件
  - 时序逻辑电路
    - 触发器
    - 寄存器
    - 计数器

二、重点、难点

本章着重学习组合逻辑电路和时序逻辑电路。本章的难点是组合逻辑电路和时序逻辑电路的应用。

三、学法指导

通过生活实例理解组合逻辑电路的分析方法；通过对典型集成组合逻辑电路外特性的分析，了解组合逻辑电路的应用方法；通过对典型集成时序逻辑电路外特性的分析，了解时序逻辑电路的应用方法。

（一）集成逻辑门电路

常用的集成逻辑门电路可分为 TTL 和 CMOS 两大类。

1. TTL 集成逻辑门电路

TTL 是三极管-三极管逻辑门电路的英文缩写，它具有工作速度快、带负载能力强、工作稳定等优点。常用的 TTL 门电路有反相器、**与非**门、**或非**门、OC 门、三态门等。

OC 门电路是将 TTL 门电路的输出级三极管集电极开路，并取消集电极负载电阻。使用时为保证 OC 门正常工作，必须在集成门电路的输出端外接一个集电极负载电阻。几个 OC 门电路并联在一起，只要外接一个负载电阻即可，它能实现**线与**功能。

三态门简称 TSL 门，它有 3 种输出状态，分别是高电平、低电平、高阻态。在高阻态下，输出端相当于开路。利用三态门可以实现信号的单向传输、双向传输的控制。

2. CMOS 集成逻辑门电路

CMOS 是互补金属-氧化物-半导体的英文缩写，是由 PMOS 管与 NMOS 管组成的互补型集成门电路。它具有功耗低、抗干扰性强、工作速度快、制造工艺简单、易于大规模集成等优点。常用的 CMOS 门电路有反相器、**与非**门、**或非**门等。

（二）组合逻辑电路的分析方法和种类

1. 组合逻辑电路的基本特点

组合逻辑电路不具有记忆功能，它的输出仅取决于当时的输入状态，而与电路原来状态无关。

2. 组合逻辑电路的分析方法

组合逻辑电路的分析方法一般按以下步骤进行：

（1）根据逻辑电路图，由输入到输出逐级推导出输出逻辑函数式。

（2）对逻辑函数式进行化简和变换，得到最简式。

（3）列出真值表，根据真值表分析电路的逻辑功能。

3. 组合逻辑电路的种类

常见的组合逻辑电路有编码器、译码器、数据选择器、数据分配器等。

（三）编码器

1. 基本概念

（1）编码 将数字、文字、符号信息，转换成若干位二进制码的过程称为**编码**。

（2）编码器 能够完成编码功能的组合逻辑电路称为**编码器**。

（3）优先编码器 优先编码器设置了优先权级，当同时输入多个输入信号时，只对优先级别高的输入信号编码，对优先级别低的信号则不起作用。

（4）类型 编码器的主要类型有二进制编码器、二-十进制编码器和优先编码器。

2. 编码器的功能分析

把各种有特定意义的输入信息编成二进制代码的电路称为**二进制编码器**。图 13-1 所示电路是 3 位二进制编码器。

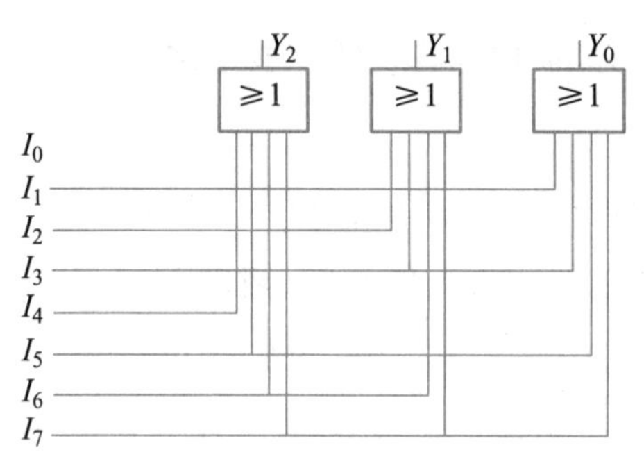

图 13-1

该电路实现了 3 位二进制编码器的功能，其真值表见表 13-1。

表 13-1

十进制数	输入								输出		
	I_7	I_6	I_5	I_4	I_3	I_2	I_1	I_0	Y_2	Y_1	Y_0
0	0	0	0	0	0	0	0	1	0	0	0
1	0	0	0	0	0	0	1	0	0	0	1
2	0	0	0	0	0	1	0	0	0	1	0
3	0	0	0	0	1	0	0	0	0	1	1
4	0	0	0	1	0	0	0	0	1	0	0
5	0	0	1	0	0	0	0	0	1	0	1
6	0	1	0	0	0	0	0	0	1	1	0
7	1	0	0	0	0	0	0	0	1	1	1

3. 二-十进制编码器

将 0~9 十个十进制数编成二进制代码的电路，称为二-十进制编码器，也称为 10 线-4 线编码器。电路如图 13-2 所示。

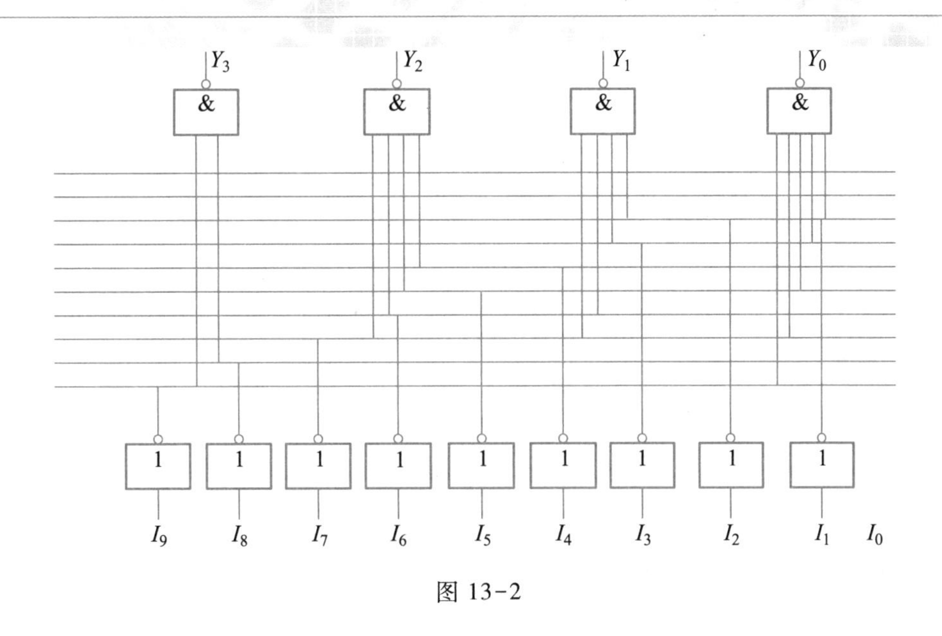

图 13-2

该电路实现了二-十进制编码器的功能，其真值表见表 13-2。

表 13-2

十进制数	输入变量	8421BCD 码			
		Y_3	Y_2	Y_1	Y_0
0	I_0	**0**	**0**	**0**	**0**
1	I_1	**0**	**0**	**0**	**1**
2	I_2	**0**	**0**	**1**	**0**
3	I_3	**0**	**0**	**1**	**1**
4	I_4	**0**	**1**	**0**	**0**
5	I_5	**0**	**1**	**0**	**1**
6	I_6	**0**	**1**	**1**	**0**
7	I_7	**0**	**1**	**1**	**1**
8	I_8	**1**	**0**	**0**	**0**
9	I_9	**1**	**0**	**0**	**1**

4. 优先编码器

优先编码器允许同时输入两个或两个以上信号，电路将对优先级别高的输入信号编码，这样的电路称为优先编码器。

图 13-3 所示为 8 线-3 线优先编码器 74LS148 的引脚排列图。

74LS148 优先编码器的真值表见表 13-3。

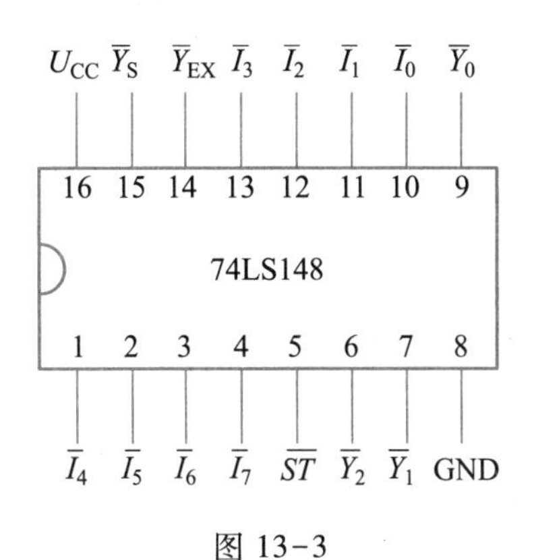

图 13-3

表 13-3

输入									输出		
$\overline{ST}$	$\overline{I}_0$	$\overline{I}_1$	$\overline{I}_2$	$\overline{I}_3$	$\overline{I}_4$	$\overline{I}_5$	$\overline{I}_6$	$\overline{I}_7$	$\overline{Y}_2$	$\overline{Y}_1$	$\overline{Y}_0$
1	×	×	×	×	×	×	×	×	1	1	1
0	1	1	1	1	1	1	1	1	1	1	1
0	×	×	×	×	×	×	×	0	0	0	0
0	×	×	×	×	×	×	0	1	0	0	1
0	×	×	×	×	×	0	1	1	0	1	0
0	×	×	×	×	0	1	1	1	0	1	1
0	×	×	×	0	1	1	1	1	1	0	0
0	×	×	0	1	1	1	1	1	1	0	1
0	×	0	1	1	1	1	1	1	1	1	0
0	0	1	1	1	1	1	1	1	1	1	1

（四）译码器与显示器件

1. 译码器

74LS138 为 3 位二进制译码器，其真值表见表 13-4。

表 13-4

输入					输出							
ST_A	$\overline{ST}_B+\overline{ST}_C$	A_2	A_1	A_0	$\overline{Y}_0$	$\overline{Y}_1$	$\overline{Y}_2$	$\overline{Y}_3$	$\overline{Y}_4$	$\overline{Y}_5$	$\overline{Y}_6$	$\overline{Y}_7$
×	1	×	×	×	1	1	1	1	1	1	1	1
0	×	×	×	×	1	1	1	1	1	1	1	1
1	0	0	0	0	0	1	1	1	1	1	1	1
1	0	0	0	1	1	0	1	1	1	1	1	1
1	0	0	1	0	1	1	0	1	1	1	1	1
1	0	0	1	1	1	1	1	0	1	1	1	1
1	0	1	0	0	1	1	1	1	0	1	1	1
1	0	1	0	1	1	1	1	1	1	0	1	1
1	0	1	1	0	1	1	1	1	1	1	0	1
1	0	1	1	1	1	1	1	1	1	1	1	0

2. 译码显示器

译码显示器主要由译码器、驱动器和显示器三部分所组成。

显示器是由 7 个发光二极管排列成“日”字形制成的，发光二极管分别用 a、b、c、d、e、f、g 共 7 个字母表示，一定的发光管组合就能显示相应的十进制数字。七段发光二极管有两种接法：一种为共阴极，另一种为共阳极。

显示译码器的作用是将输入的 BCD 码译成驱动数码管的信号，使显示器能显示出相应的数字。

（五）*RS* 触发器

1. 基本 *RS* 触发器

（1）电路结构　两个**与非**门或**或非**门交叉连接耦合就构成了一个基本 *RS* 触发器，如图 13-4(a)所示。图 13-4(b)是它的图形符号。

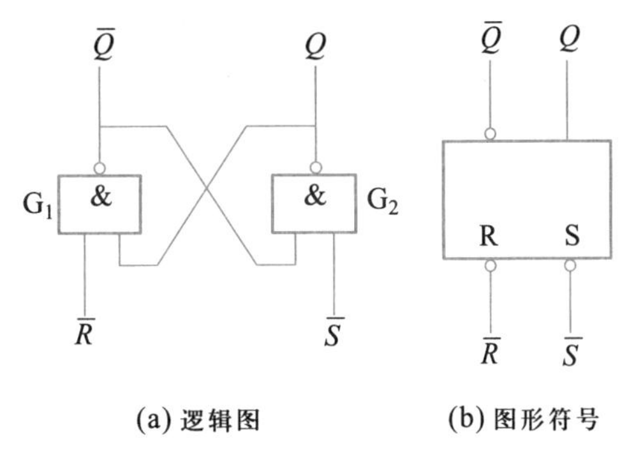

(a) 逻辑图　(b) 图形符号

图 13-4

注意：由**与非**门组成的 *RS* 触发器，$\overline{R}$、$\overline{S}$为低电平触发有效；由**或非**门组成的 *RS* 触发器，$\overline{R}$、$\overline{S}$为高电平触发有效。

（2）逻辑功能　由**与非**门组成的基本 *RS* 触发器的逻辑状态见表 13-5。

表 13-5

$\overline{R}$	$\overline{S}$	Q	逻辑功能
0	**1**	**0**	置 **0**
1	**0**	**1**	置 **1**
1	**1**	原状态	保持
0	**0**	不定	应禁止

2. 同步 *RS* 触发器

（1）电路组成　它是在基本 *RS* 触发器的基础上增加两个控制门构成的，如图 13-5(a)所示。图 13-5(b)为同步 *RS* 触发器的图形符号。

（2）工作原理　利用 *CP* 时钟脉冲对两个控制门的开通与关闭进行控制。

CP=**1** 时，控制门打开接收信号，R、S 输入信号起作用。

CP=**0** 时，控制门被封锁，R、S 输入信号不起作用。

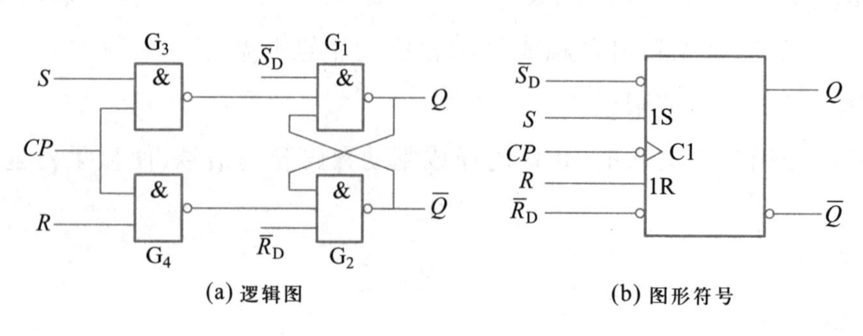

图 13-5

(3) 逻辑功能　同步 RS 触发器的逻辑状态表见表 13-6。

表 13-6

$\overline{R}_D$	$\overline{S}_D$	CP	S	R	Q^{n+1}
0	**1**	×	×	×	**0**(置 **0**)
1	**0**		×	×	**1**(置 **1**)
1	**1**	**0**	×	×	Q^n(保持)
		1	**0**	**0**	Q^n(保持)
			0	**1**	**0**(置 **0**)
			1	**0**	**1**(置 **1**)
			1	**1**	不定(禁止)

3. 边沿触发的 JK 触发器

前面介绍的同步 RS 触发器的次态取决于 $CP=\mathbf{1}$ 期间输入信号的状态,这种触发方式称为电平触发。在 $CP=\mathbf{1}$ 期间,输入信号的多次变化,触发器的状态也随之发生多次变化,该现象称为空翻。空翻现象会造成逻辑上的混乱,使电路无法正常工作。

为了提高触发器的可靠性,增强抗干扰能力,希望触发器的次态仅取决于时钟脉冲的下降沿或上升沿时刻输入信号的状态。这种触发方式称为边沿触发,边沿触发能有效克服空翻现象。

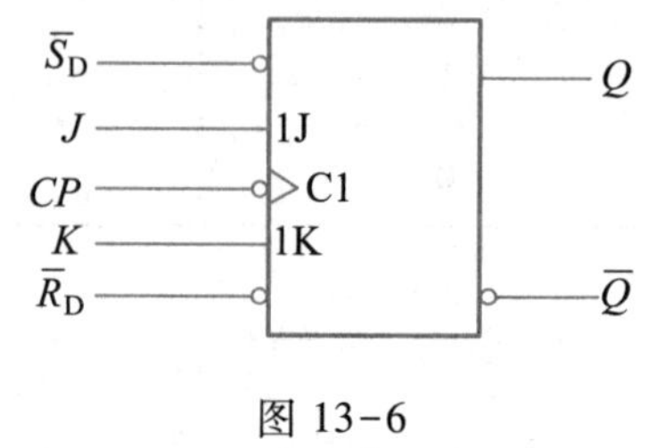

图 13-6

下降沿有效的边沿触发 JK 触发器的图形符号如图 13-6 所示,图中 J、K 为信号输入端,CP 为时钟脉冲,在符号图中 CP 一端标的“。”和“>”表示该触发器为边沿触发,且在时钟脉冲 CP 的下降沿时刻输入信号才有效。

JK 触发器的逻辑状态见表 13-7。

表 13-7

$\overline{R}_D$	$\overline{S}_D$	CP	J	K	Q^{n+1}
0	**1**	×	×	×	**0**(置 **0**)
1	**0**		×	×	**1**(置 **1**)
1	**1**	**0**	×	×	Q^n(保持)
		↓	**0**	**0**	Q^n(保持)
			0	**1**	**0**(置 **0**)
			1	**0**	**1**(置 **1**)
			1	**1**	$\overline{Q}^n$(翻转)

表中↓表示时钟脉冲 CP 的下降沿(即时钟脉冲 CP 从高电平 **1** 突变到低电平 **0**)。“×”表示任意值,即取 **0** 取 **1** 均可。

4. 边沿触发的 D 触发器

上升沿有效的边沿触发 D 触发器的图形符号如图 13-7 所示,图中 CP 一端标的“>”表示该触发器为边沿触发,且在时钟脉冲 CP 的上升沿时刻输入信号才有效。

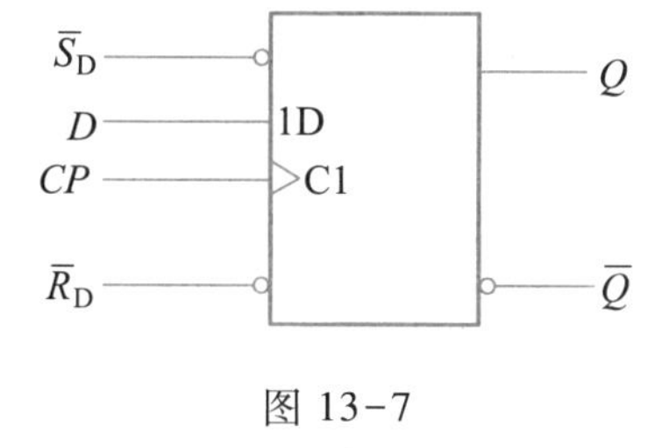

图 13-7

上升沿有效的边沿触发 D 触发器的逻辑状态表见表 13-8。表中↑表示时钟脉冲 CP 上升沿有效。“×”表示任意值,即取 **0** 取 **1** 均可。

表 13-8

$\overline{R}_D$	$\overline{S}_D$	CP	D	Q^{n+1}
0	**1**	×	×	**0**(置 **0**)
1	**0**		×	**1**(置 **1**)
1	**1**	**0**	×	Q^n(保持)
		↑	**0**	**0**
			1	**1**

5. 边沿触发的 T 触发器

将 JK 触发器的 J、K 输入端相连作为一个输入端,并记为 T,就构成了 T 触发器。T 触发器的图形符号如图 13-8 所示。

T 触发器的逻辑状态表见表 13-9。

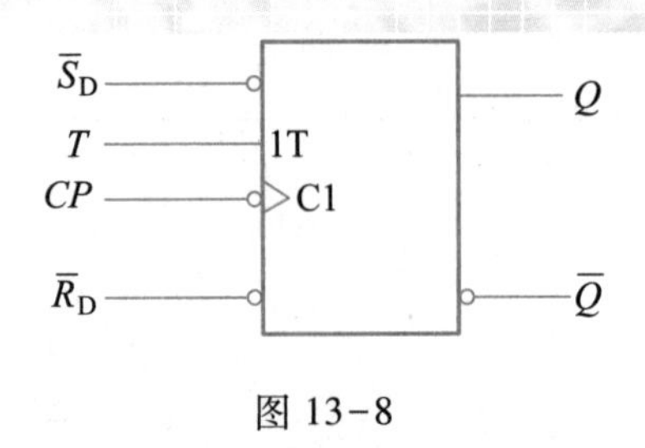

图 13-8

表 13-9

T	Q^{n+1}	功能
0	Q^n	保持
1	$\overline{Q^n}$	翻转

※(六) 寄存器

1. 寄存器的功能

寄存器主要用来暂存数码或信息。

2. 双拍接收式寄存器

(1) 电路组成

图 13-9 所示为 4 个 D 触发器组成的 4 位数码寄存器。

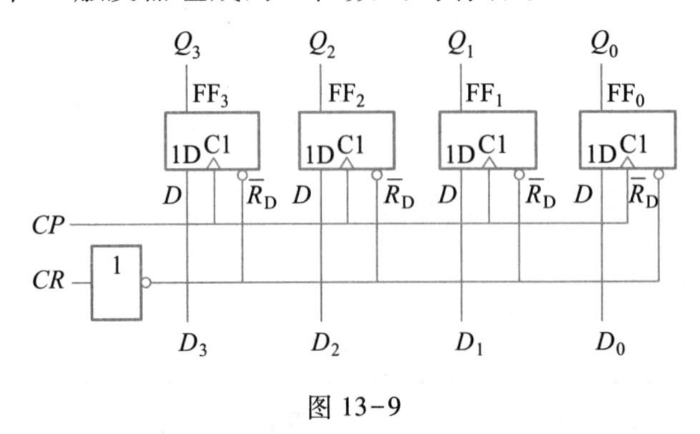

图 13-9

(2) 工作原理

① 清零。当 $CR=\mathbf{1}$ 时,4 个 D 触发器都全部复位:$Q_3Q_2Q_1Q_0=\mathbf{0000}$,触发器清零。

② 存入数码。当 $CR=\mathbf{0}$ 时,CP 上升沿到来,加在并行数码输入端的数码 $D_3D_2D_1D_0$ 被分别存入 $FF_3\sim FF_0$触发器中,触发器存入数码。

③ 保持。当 $CR=\mathbf{0}$,$CP=\mathbf{0}$ 时,各位输出端 Q 的状态与输入无关,触发器保持原态。

※(七) 计数器

1. 计数器的作用

计数器是用来统计输入脉冲个数的电路,它常用于测量、运算和控制系统之中。

2. 计数器的分类

（1）按照时钟脉冲控制方式分　有同步和异步计数器。

（2）按照计数器增减顺序分　有加法和减法计数器。

（3）按照进制分　有二进制、十进制及 N 进制计数器。

四、典型例题

例 13-1　分析图 13-10 所示电路的逻辑功能。

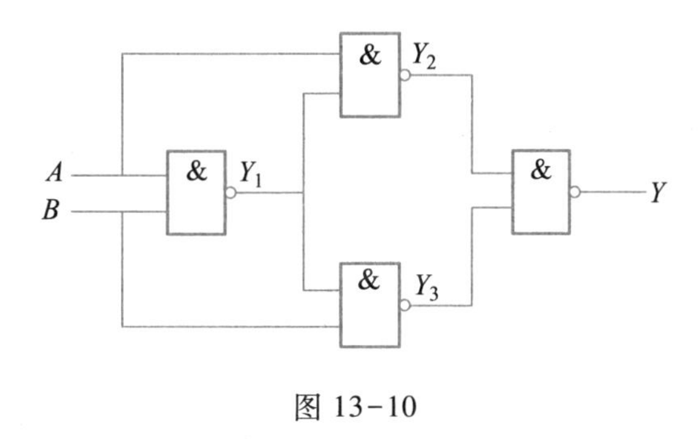

图 13-10

解：（1）写出输出逻辑函数式。

$$Y_1=\overline{AB}$$

$$Y_2=\overline{A\cdot Y_1}=\overline{A\cdot\overline{AB}}$$

$$Y_3=\overline{Y_1\cdot B}=\overline{\overline{AB}\cdot B}$$

$$Y=\overline{Y_2\cdot Y_3}=\overline{\overline{A\cdot\overline{AB}}\cdot\overline{\overline{AB}\cdot B}}$$

（2）化简逻辑函数式。

$$Y=\overline{Y_2\cdot Y_3}=\overline{\overline{A\cdot\overline{AB}}\cdot\overline{\overline{AB}\cdot B}}=A\cdot\overline{AB}+\overline{AB}\cdot B=A(\overline{A}+\overline{B})+B(\overline{A}+\overline{B})=A\overline{B}+\overline{A}B$$

（3）根据逻辑函数式列真值表，见表 13-10。

表 13-10

A	B	Y
0	**0**	**0**
0	**1**	**1**
1	**0**	**1**
1	**1**	**0**

（4）分析逻辑功能。

由真值表可归纳出：当输入 A、B 相同时，输出 Y 为 **0**；当输入 A、B 相异时，输出 Y 为 **1**。因此它是一个实现**异或**逻辑功能的门电路,称为**异或**门。

例 13-2 图 13-11 所示波形为下降沿有效的边沿触发 JK 触发器输入端的状态波形($\overline{R}_D$、$\overline{S}_D$ 不用,保持接高电平 **1**),试画出输出端 Q 的状态波形,已知触发器的初始状态为 $Q^n=\mathbf{1}$。

解:根据 JK 触发器的功能特点,可画出 Q 端的波形如图 13-11 所示。

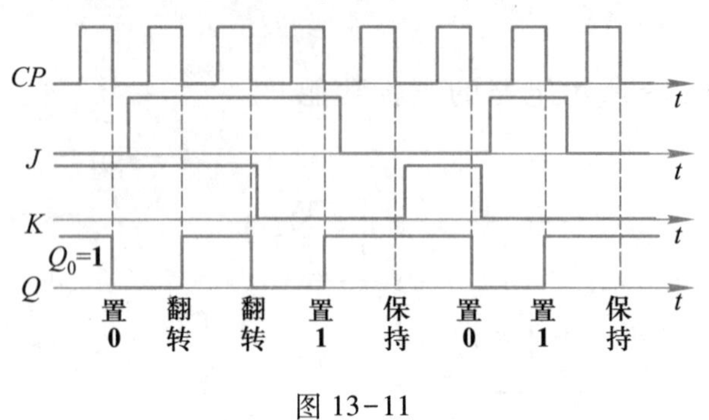

图 13-11

训练题

一、想一想(正确的打"√",错误的打"×")

1. RS 触发器只能由**与非**门构成。 (　　)
2. 所谓上升沿触发,是指触发器的输出状态变化发生在 $CP=\mathbf{1}$ 期间。 (　　)
3. 不论哪种触发器,Q 和 $\overline{Q}$ 的状态在任何情况下都是"互补"或"相反"的关系。 (　　)
4. 具有记忆功能的各类触发器是构成时序逻辑电路的基本单位。 (　　)
5. 下降沿触发的异步加法计数器应将低位的 Q 端与高位的 CP 端相连接。 (　　)
6. 并行输入、输出寄存器是指在同一个时钟脉冲控制下,各位数码同时存入或取出。 (　　)

二、选一选(每题只有一个正确答案)

1. 同步 RS 触发器电路中,触发脉冲消失后,其输出状态为(　　)。

A. 状态不定　　B. 保持原状态　　C. **0** 状态　　D. **1** 状态

2. 下列触发器中不能克服空翻现象的是(　　)。

A. 同步 RS 触发器　　B. 边沿触发的 JK 触发器

C. 边沿触发的 D 触发器　　D. 边沿触发的 T 触发器

3. 图 13-12 所示为边沿触发的 JK 触发器(TTL 集成触发器),当 J、K 端及$\overline{S}_D$、$\overline{R}_D$ 端均为高电平或悬空时,该触发器完成的功能为(　　)。

A. 置 1　　B. 置 2　　C. 计数　　D. 复位

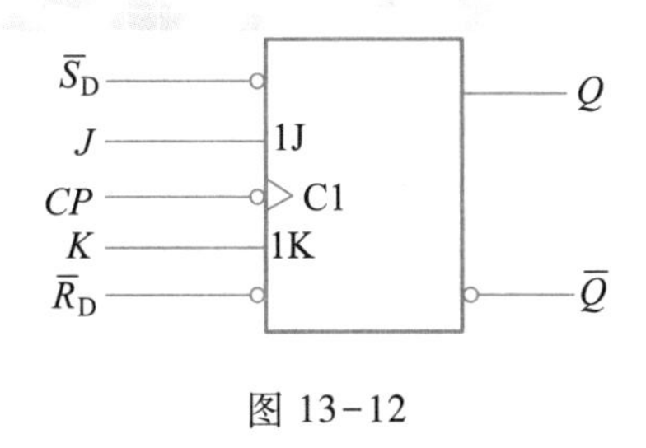

图 13-12

4. 构成计数器的基本单位是（　　）。

A. **与非**门　　B. **或非**门　　C. 触发器　　D. 放大器

5. 6 个触发器构成的寄存器能存储（　　）位二进制数码。

A. 6　　B. 12　　C. 18　　D. 24

6. 数码显示电路通常由（　　）组成。

A. 译码器、驱动电路、编码器

B. 显示器、驱动电路、输入电路

C. 译码器、驱动电路、显示器

D. 译码器、编码器、显示器

三、填一填

1. 触发器是一种具有________功能的逻辑元件，它有________相反的稳定输出状态。

2. *RS* 触发器具有________、________和________的功能。

3. *JK* 触发器具有________、________、________和________的功能。

4. *D* 触发器的逻辑功能是________和________。

5. 计数器的主要用途是对脉冲数进行________。

6. 8421BCD 码的二-十进制计数器，当计数器状态为________时，再输入一个计数脉冲，计数状态为 **0000**，然后向高位发________信号。

7. 分别有 3 个、4 个、8 个触发器数目的二进制计数器，它们各有________、________、________种计数状态。

8. LED（发光二极管）显示器有________和________两种接法。共阴极接法，________加高电平发光；共阳极接法，________加低电平发光。

四、综合题

1. 化简逻辑表达式 $Y=\bar{A}\bar{B}\bar{C}+\bar{A}\bar{B}C+\bar{A}B\bar{C}+A\bar{B}\bar{C}+\bar{A}BC$，并画出化简后的逻辑电路图（要求选用**与非**门）。

2. 根据图 13-13 所示组合逻辑电路，写出逻辑函数表达式，并化简，设计化简后的逻辑电路图（要求选用**与非**门）。

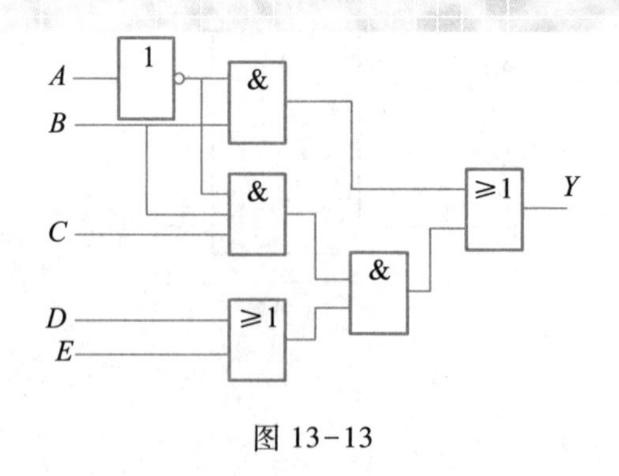

图 13-13

五、查一查

查找我国晶振发展技术方向及趋势。

晶体振荡器,简称为晶振,是一个不起眼的元件,但是在数字电路中,它就像是整个电路的心脏。数字电路的所有工作都离不开时钟,晶振的好坏,晶振电路设计的好坏,会影响整个系统的稳定性。面对 5G 所带来的万物互联时代以及国产替代趋势,晶振作为数字电路的“心脏”,为相关产品提供稳定的频率基准,因此,晶振对于电子产品的重要性不言而喻。请上网查找我国晶振发展技术方向及趋势,形成调查报告,并在班级中分享。

自测题

一、判断题

1. TTL 逻辑电路内部由三极管构成。 (　　)
2. MOS 逻辑电路内部由三极管构成。 (　　)
3. 组合逻辑电路具有记忆功能。 (　　)
4. 组合逻辑电路全部由门电路构成。 (　　)
5. 编码器属于时序逻辑电路。 (　　)
6. 计数器属于时序逻辑电路。 (　　)
7. 3 线-8 线译码器属于时序逻辑电路。 (　　)
8. 基本 *RS* 触发器允许两个输入端同时取有效电平。 (　　)
9. 边沿触发的 *JK* 触发器两个输入端同时取有效电平时,*CP* 脉冲过后触发器处于计数状态。 (　　)
10. 用二进制异步计数器从 0 计到十进制数 30 时,至少需要的触发器个数为 5 个。 (　　)

二、选择题

1. 组合逻辑电路的特点是(　　)。

A. 输入、输出间有反馈通路　　B. 含有记忆元件

C. 全部由门电路构成　　D. 电路输出与以前状态有关

2. 组合逻辑电路的分析就是(　　)。

A. 根据逻辑函数式画逻辑电路图

B. 根据真值表写出逻辑函数式

C. 根据实际问题的逻辑关系画出逻辑电路图

D. 根据逻辑电路图确定其实现的逻辑功能

3. 将十进制数编成二进制代码的电路称为(　　)。

A. 二进制编码器　　B. 十进制编码器　　C. 8421BCD 编码器　　D. 优先编码器

4. 4 位二进制编码器输入信号为 I_9 时，输出 $Y_3Y_2Y_1Y_0$ = (　　)。

A. **1001**　　B. **0011**　　C. **1000**　　D. **1011**

5. 当 8421BCD 码优先编码器 74LS147 的输入信号 $\overline{I}_1$、$\overline{I}_3$、$\overline{I}_5$、$\overline{I}_6$ 同时输入时，输出 $\overline{Y}_3\ \overline{Y}_2\ \overline{Y}_1\ \overline{Y}_0$ = (　　)。

A. **0110**　　B. **1001**　　C. **1010**　　D. **1110**

6. 8421BCD 编码器的输入变量和输出变量分别为(　　)个。

A. 4、10　　B. 10、4　　C. 3、8　　D. 8、3

7. 74LS147 的输入情况为：$\overline{I}_1$、$\overline{I}_3$、$\overline{I}_5$、$\overline{I}_7$、$\overline{I}_9$ 输入 **1**，$\overline{I}_0$、$\overline{I}_2$、$\overline{I}_4$、$\overline{I}_6$、$\overline{I}_8$ 输入 **0**，编码器输出为(　　)。

A. **1000**　　B. **1001**　　C. **0111**　　D. **0110**

8. 74LS138 集成电路是(　　)译码器。

A. 2 线-4 线　　B. 4 线-16 线　　C. 8 线-3 线　　D. 3 线-8 线

9. 半导体数码管通常是由(　　)个发光二极管排列而成。

A. 10　　B. 7　　C. 9　　D. 5

10. 二-十进制译码器有(　　)。

A. 4 个输入端，10 个输出端　　B. 2 个输入端，4 个输出端

C. 3 个输入端，8 个输出端　　D. 4 个输入端，16 个输出端

11. 七段译码显示器要显示十进制数“9”，则共阳极数码显示器的 $a \sim g$ 引脚的电平应为(　　)。

A. **1111001**　　B. **1111000**　　C. **1111010**　　D. **0000100**

12. 与非门构成的基本 RS 触发器，输入信号 $\overline{R}=\mathbf{1}$，$\overline{S}=\mathbf{1}$，该触发器(　　)。

A. 保持原态　　B. 置 **0**　　C. 置 **1**　　D. 状态不定

13. 同步 RS 触发器，当 $S=\mathbf{1}$，$R=\mathbf{0}$ 时，CP 脉冲作用后，触发器(　　)。

A. 保持原态　　B. 置 **0**　　C. 置 **1**　　D. 状态不定

14. JK 触发器的输入 $J=\mathbf{1}$、$K=\mathbf{1}$，在时钟脉冲输入后，触发器(　　)。

A. 保持原态　　B. 置 **0**　　C. 置 **1**　　D. 状态发生翻转

15. D 触发器具有(　　)功能。

A. 置 **1** 和保持　　B. 置 **0** 和保持　　C. 置 **0** 和置 **1**　　D. 置 **0** 和翻转

16. T 触发器具有(　　)功能。

A. 置 **1** 和保持　　B. 置 **0** 和保持　　C. 置 **0** 和置 **1**　　D. 保持和计数

17. 寄存器主要用于(　　)。

A. 暂存数码和信息　　B. 存储十进制数码

C. 永久存储二进制数码　　D. 存储数码和信息

18. 如果要寄存 4 位二进制数码，通常要用(　　)个触发器来构成寄存器。

A. 16　　B. 4　　C. 8　　D. 9

19. 构成计数器的基本电路是(　　)。

A. 与非门　　B. 或非门　　C. 组合逻辑电路　　D. 触发器

20. 用二进制异步计数器从 0 计到十进制数 100，至少需要的触发器个数为(　　)。

A. 7 个　　B. 8 个　　C. 9 个　　D. 10 个

三、填空题

1. 逻辑电路按其逻辑功能和结构特点可分为________和________。

2. 组合逻辑电路不具有________功能，它的输出直接由电路的________所决定，与输入信号作用前的________无关。

3. 触发器是具有________功能的逻辑部件。

4. RS 触发器从结构上讲，可分为没有时钟脉冲输入的________和有时钟脉冲输入的________触发器。

5. JK 触发器的输入信号 $J=\mathbf{1}$，$K=\mathbf{1}$，在无时钟脉冲输入时，触发器________，有时钟脉冲输入后，触发器________。

四、分析计算题

下降沿触发的 JK 触发器输入波形如图 13-14 所示，设触发器初态为 **0**，画出相应输出波形。

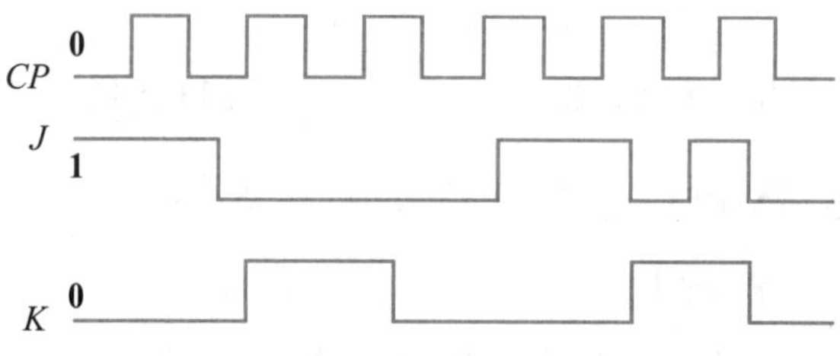

图 13-14

※第 14 章 数字电路的应用

学习目标

了解 555 时基电路的应用。

了解模数转换的特点。

了解数模转换的特点。

用 555 时基电路组成应用电路。

重难点分析

一、知识框架

- 数字电路的应用
  - 555 时基电路的应用
    - 555 时基电路
    - 555 时基电路的典型应用
  - 数模转换
    - 数模转换器
    - 数模转换集成电路 DAC0832
  - 模数转换
    - 模数转换器
    - 模数转换集成电路 ADC0809

二、重点、难点

本章着重学习 555 时基电路及其应用、数模转换器和模数转换器的特点。本章的难点是数模转换和模数转换。

三、学法指导

通过对 555 时基应用电路的分析，了解 555 时基电路的特点；通过对 DAC0832 和 ADC0809 外特性的分析，了解数模转换和模数转换的特点。

※（一）555 时基电路的应用

1. 集成 555 时基电路

555 为时基集成电路，其引脚排列如图 14-1 所示。

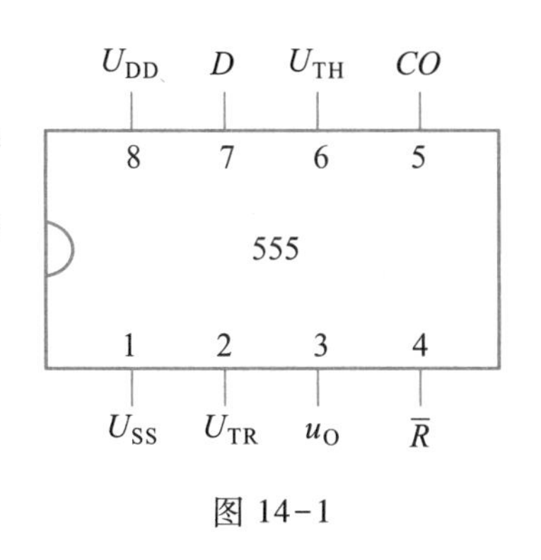

图 14-1

2. 集成 555 时基电路的典型应用

（1）多谐振荡器

图 14-2(a)所示为 555 时基电路组成的多谐振荡器的电路结构。

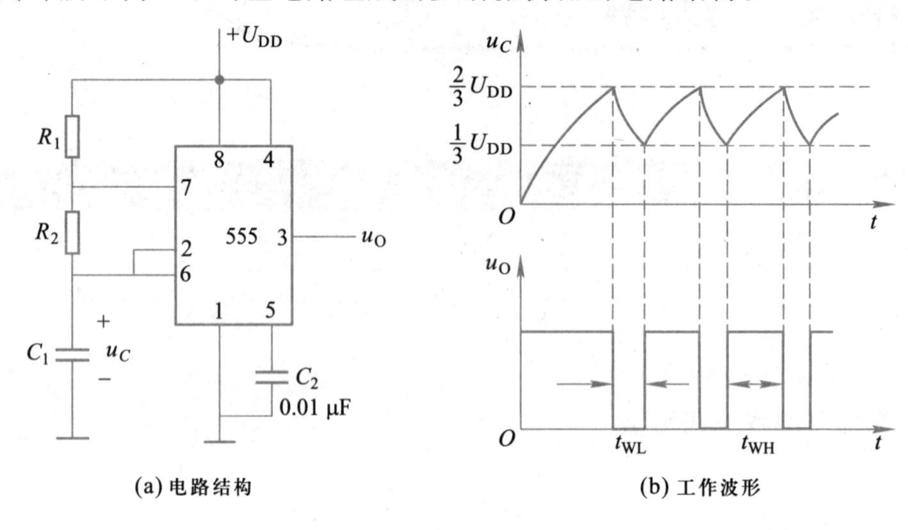

(a) 电路结构　　(b) 工作波形

图 14-2

（2）单稳态触发器

图 14-3 是用 555 时基电路所构成的单稳态触发器的电路结构。

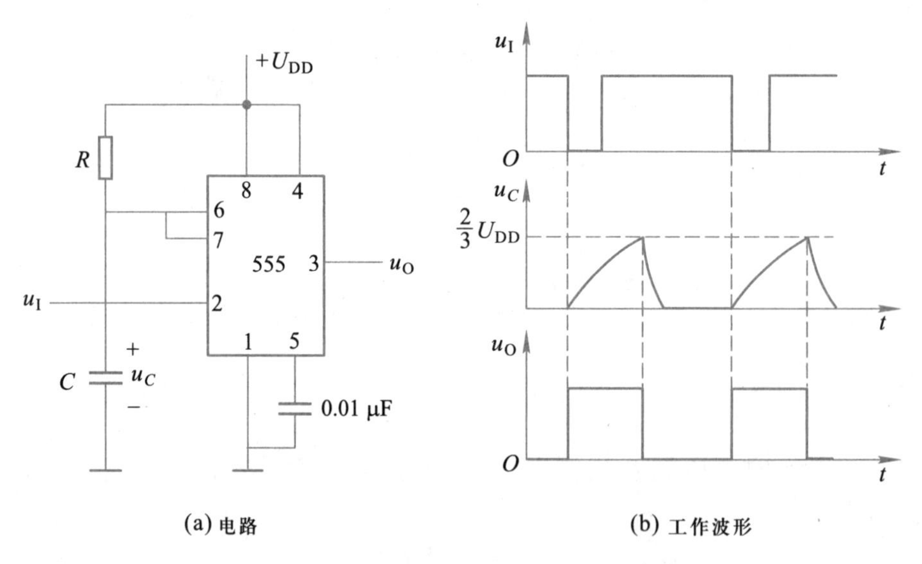

(a) 电路　　(b) 工作波形

图 14-3

（3）施密特触发器

施密特触发器是一种应用广泛的波形变换及整形电路，它有两个稳态。图 14-4 是用 555 时基电路所构成的施密特触发器。

※(二) 数模转换

1. 数模转换器(DAC)的功能

功能　将输入二进制码的每一位转换成与其数值成正比的电压或电流模拟量，然后把这些模拟量相加，即获得与输入的数字量成正比的模拟量。

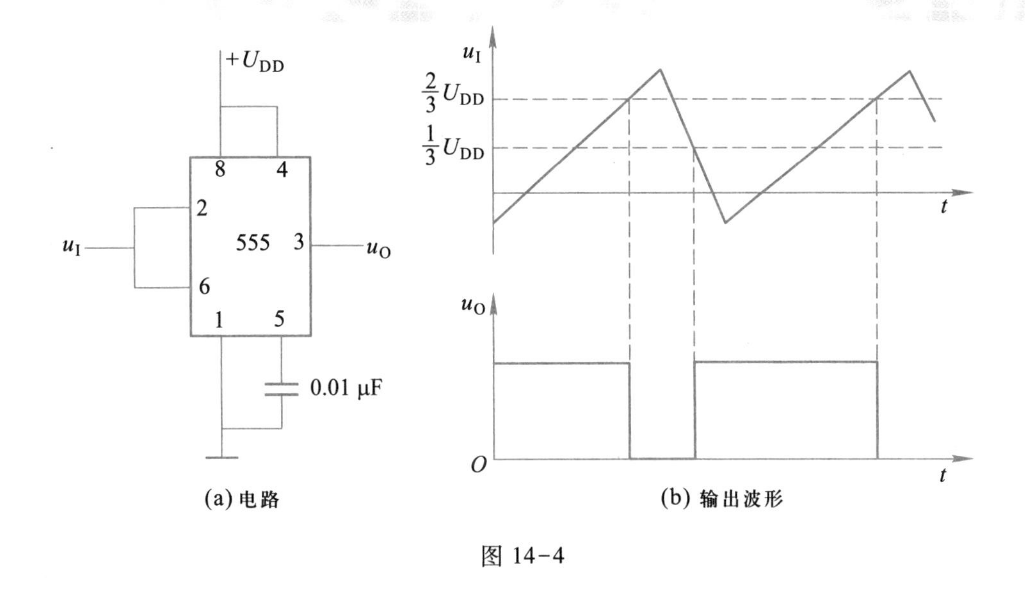

(a) 电路 (b) 输出波形

图 14-4

2. 数模转换集成电路 DAC0832

(1) DAC0832 的引脚排列图

DAC0832 是一种 8 位的 CMOS 型数模转换电路,其引脚排列如图 14-5 所示。

(2) DAC0832 的作用

DAC0832 的作用是实现数模转换,属 8 位转换器,输出的是与输入数字量成正比的模拟电流,要获得模拟电压输出还需要外接运算放大器。

※(三) 模数转换

1. 模数转换器(ADC)的功能

模数转换器的功能:将输入的模拟信号转换为与其成正比的二进制数码输出。

2. 模数转换集成电路 ADC0809

ADC0809 是 8 位 8 路 CMOS 集成 A/D 转换电路,共有 28 个端子,其引脚排列如图 14-6 所示。

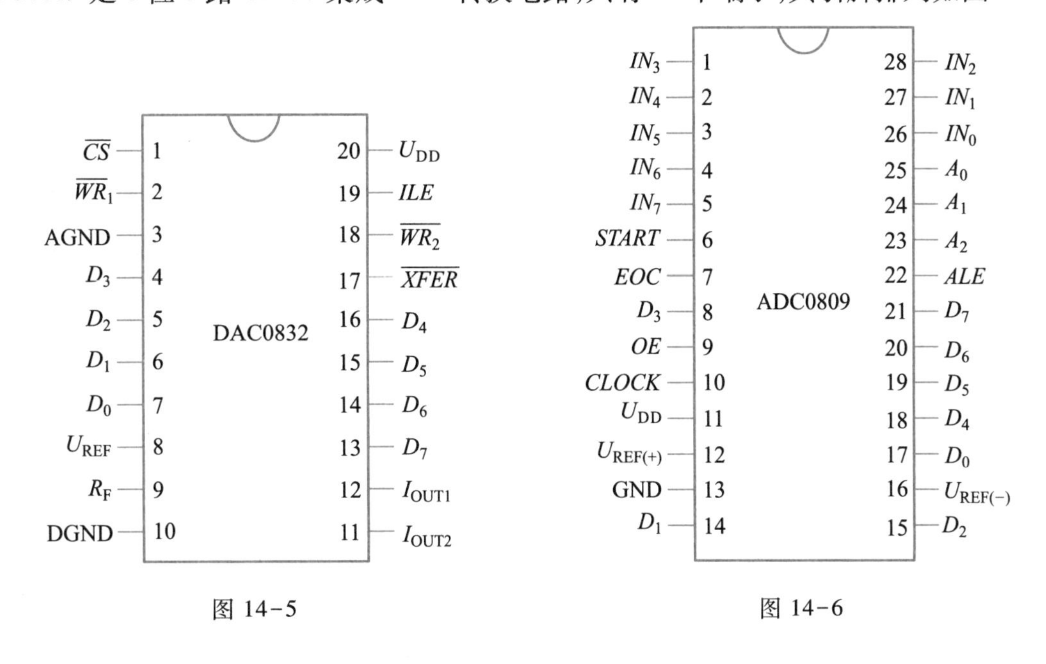

图 14-5 图 14-6

自测题

一、判断题

1. 555 时基电路是一种数模混合集成电路,其内部既有运放又有触发器。通过外部电路的不同组合,可构成多谐振荡器、单稳态触发器和施密特触发器。 ( )

2. 多谐振荡器又称为无稳态触发器;它没有稳定状态,只有两个暂稳态,需要外加触发信号,才能输出一定频率和幅度的矩形脉冲信号。 ( )

3. 多谐振荡器常被用做脉冲信号发生器。 ( )

4. 单稳态触发器有稳态和暂稳态两种工作状态,不需要外界触发脉冲的作用,就能从稳态翻转到暂稳态,在暂稳态维持一段时间以后,自动回到稳态。 ( )

5. 单稳态触发电路被广泛应用于整形、延时及定时等电路。 ( )

6. 施密特触发器广泛应用于波形变换及整形电路,它有两个稳态。 ( )

7. 取样就是对连续变化的模拟信号在时间上作等间隔的抽取样值,将时间上连续的模拟量转换成时间上断续的量。 ( )

二、填空题

1. 555 时基电路是一种数模混合集成电路,其内部既有运算放大器又有________。

2. 多谐振荡器的输出信号没有稳定的状态,只有两个________。

3. 多谐振荡器的暂稳态维持时间的长短主要取决于电路本身的________的参数值。

4. 单稳态触发器的输出信号有一个稳定状态和一个________。

5. 施密特触发器的输出信号有________个稳定状态。

6. 555 时基电路构成的单稳态触发器有________态和________态。

7. 模数转换包括取样、________、________和________ 4 个处理过程。

读者意见反馈

为收集对教材的意见建议，进一步完善教材编写并做好服务工作，读者可将对本教材的意见建议通过如下渠道反馈至我社。

咨询电话　400-810-0598

反馈邮箱　zz_dzyj@ pub.hep.cn

通信地址　北京市朝阳区惠新东街 4 号富盛大厦 1 座

高等教育出版社总编辑办公室

邮政编码　100029

防伪查询说明

用户购书后刮开封底防伪涂层，使用手机微信等软件扫描二维码，会跳转至防伪查询网页，获得所购图书详细信息。

防伪客服电话　(010)58582300

学习卡账号使用说明

一、注册/登录

访问 http://abook.hep.com.cn/sve，点击“注册”，在注册页面输入用户名、密码及常用的邮箱进行注册。已注册的用户直接输入用户名和密码登录即可进入“我的课程”页面。

二、课程绑定

点击“我的课程”页面右上方“绑定课程”，在“明码”框中正确输入教材封底防伪标签上的 20 位数字，点击“确定”完成课程绑定。

三、访问课程

在“正在学习”列表中选择已绑定的课程，点击“进入课程”即可浏览或下载与本书配套的课程资源。刚绑定的课程请在“申请学习”列表中选择相应课程并点击“进入课程”。

如有账号问题，请发邮件至：4a_admin_zz@ pub.hep.cn。